优化数学模型及其软件实现

周　凯　　狄艳媚
王丹婷　　沈守枫　　编著

ZHEJIANG UNIVERSITY PRESS
浙江大学出版社
·杭州·

图书在版编目(CIP)数据

优化数学模型及其软件实现 / 周凯等编著. — 杭州:
浙江大学出版社, 2022.11
ISBN 978-7-308-23138-1

Ⅰ.①优… Ⅱ.①周… Ⅲ.①最佳化—数学模型
Ⅳ.①O224

中国版本图书馆 CIP 数据核字(2022)第 194920 号

优化数学模型及其软件实现

周 凯 狄艳媚 王丹婷 沈守枫 编著

责任编辑	徐素君	
责任校对	丁佳雯	
封面设计	雷建军	
出版发行	浙江大学出版社	
	(杭州市天目山路148号　邮政编码310007)	
	(网址:http://www.zjupress.com)	
排　　版	杭州林智广告有限公司	
印　　刷	杭州杭新印务有限公司	
开　　本	787mm×1092mm　1/16	
印　　张	16.25	
字　　数	400千	
版 印 次	2022年11月第1版　2022年11月第1次印刷	
书　　号	ISBN 978-7-308-23138-1	
定　　价	70.00元	

版权所有　翻印必究　印装差错　负责调换
浙江大学出版社市场运营中心联系方式:(0571)88925591;http://www.zjdxcba.tmall.com

前　言

自 20 世纪下半叶以来，随着科学技术进步，数学理论及其应用获得了前所未有的蓬勃发展，越来越引起人们的重视。数学作为一门基础学科，现已成为高新技术的重要组成部分，并且以空前的广度和深度向社会科学等新领域渗透。为得到实际问题的定量计算或定性分析结果，通常需要用数学的符号和语言建立合理的数学模型，并进行模拟求解。近年来，国内各大高校非常重视学生的数学建模能力培养，数学建模活动也得以普遍展开。

目前，数学建模课程改革已成为高校教学改革和培养高层次应用型人才的一个重要方面。与其他数学类课程相比，该课程具有知识涉及面广、形式灵活、对教师和学生要求高等特点。数学建模讲义通常涉及评价类模型、优化类模型、概率和多元统计类模型、微分方程类模型等诸多方面。尤其是优化类模型，由于其具有涉及面较广、理论知识较难、需要结合计算机程序求解等特点，教师往往无法深入探讨相应知识，多数是启发性地讲授一些基本概念和方法，主要依靠学生自己去体会与实践。

数学建模的教材建设本身就是一个不断探索、创新、完善和提高的过程。我们计划针对不同数学模型的特点出版数学建模系列教材，把各类建模方法讲实讲透。即便是零基础的学生在学完教材后也能够快速提升。据不完全统计，全国大学生数学建模竞赛中 80% 以上的问题都可通过建立优化模型解决。考虑到这类模型在实际应用中占据极其重要的地位，我们在使用多年的讲义的基础上结合最新的案例编著了这本《优化数学模型及其软件实现》。本书的内容包括：线性规划模型、非线性规划模型、整数规划模型、多目标规划模型、目标规划模型、动态规划模型和图论规划模型，并且详细介绍 LINGO、MATLAB、Python 等软件求解程序。希望本书能够帮助大家熟悉优化类问题的数学建模过程和若干常用方法，并学会如何运用数学建模方法解决实际问题。

本书的出版得到浙江工业大学信息与计算科学国家一流专业建设基金、浙江工业大学一流本科课程培育项目的资助，本书的编写得到浙江工业大学应用数学系的大力支持。

由于我们学识有限，书中的疏漏和错误在所难免，诚恳希望专家和读者批评指正。

作者

2022 年 3 月

目　录

第1章　线性规划模型

本章学习要点

1. 掌握建立优化模型的三要素（决策变量、目标函数、约束条件）；
2. 掌握调用 LINGO 软件求解线性规划模型的方法；
3. 掌握 MATLAB 软件或者 Python 软件求解线性规划模型的函数使用方法。

数学规划是20世纪三四十年代初兴起的一门学科，是运筹学的重要分支。数学规划研究的实际问题多种多样，如生产计划问题、物资运输问题、合理下料问题、库存问题、劳动力问题、最优设计问题等。虽然上述这些问题源于不同行业，有着不同实际背景，但都属于如何计划、安排、调度的问题，即如何物尽其用、人尽其才的问题。这类问题就是数学规划模型的典型应用对象。

人们所处理的最优化问题，小至简单思索即行决策，大至构成一个大型的科学计算问题，往往具有三个基本要素，即决策变量、目标函数和约束条件，也被称为优化模型的三要素。人们往往可以依循此三要素建立优化模型。

- **决策变量**：决策者可以控制的因素。例如，根据不同的实际问题，决策变量可以选取为产品的产量、物资的运量及工作的天数等。
- **目标函数**：由决策变量构成的函数，表示决策者追求的最终目标。例如，目标可以是利润最大化、效率最大化或者成本最小化等。
- **约束条件**：决策变量需要满足的一系列限定条件。注意：部分非线性规划模型也可能不存在约束条件。

1.1　线性规划模型的基础知识

线性规划模型是运筹学中研究较早、发展较快、应用较广、方法成熟的一个重要分支。它是辅助人们进行科学管理的一种数学方法，为合理地利用有限的人力、物力、财力等资源并做出最优决策提供科学的依据，具有较强的实用性。

就模型而言，线性规划模型形式类似于高等数学所学的条件极值问题表达，只是其目标函数和约束条件都被限定为线性函数。线性规划模型的特点如下：

1. 目标函数是由决策变量构成的线性函数。

2. 约束条件都是决策变量构成的线性等式或线性不等式。

具有以上结构特点的模型就是线性规划模型，简记为 LP（Linear Programming）。它具有如下一般数学形式：

$$\max(\min) f = c_1 x_1 + c_2 x_2 + \cdots + c_n x_n$$

$$\text{s.t.} \begin{cases} a_{11} x_1 + a_{12} x_2 + \cdots + a_{1n} x_n \leqslant (=, \geqslant) b_1 \\ a_{21} x_1 + a_{22} x_2 + \cdots + a_{2n} x_n \leqslant (=, \geqslant) b_2 \\ \cdots\cdots\cdots\cdots\cdots\cdots\cdots\cdots\cdots\cdots\cdots\cdots \\ a_{m1} x_1 + a_{m2} x_2 + \cdots + a_{mn} x_n \leqslant (=, \geqslant) b_m \\ x_1, x_2, \cdots, x_n \geqslant 0 (\text{或者不受限制}) \end{cases}$$

首先，让我们分析线性规划具有哪些特征，或实际问题具有什么性质，所建立的数学模型才可被称为线性规划模型。

- **比例性**：每个决策变量对目标函数的"贡献"与该决策变量取值成正比；每个决策变量对每个约束条件右端项的"贡献"与该决策变量取值成正比。

- **可加性**：每个决策变量对目标函数的"贡献"与其他决策变量取值无关；每个决策变量对每个约束条件右端项的"贡献"与其他决策变量取值无关。

- **连续性**：每个决策变量在连续范围内进行取值。

然后，我们简单介绍线性规划模型的理论求解方法。对于线性规划模型而言：满足全部约束条件的决策向量 $x \in \mathbf{R}^n$ 称为可行解；全部可行解构成的集合（它是 n 维欧氏空间 $\mathbf{R}^n$ 中的点集，而且是一个凸多面体）称为可行域；使目标函数达到最优值（最大值或最小值，并且有界）的可行解称为最优解。当线性规划模型存在最优解时，其一定可以在可行域的某个顶点上取到。当有唯一解时，最优解就是可行域的某个顶点。当有无穷多个最优解时，至少其中有一个最优解是可行域的一个顶点。1947年，美国数学家丹捷格及其同事提出的求解线性规划的单纯形法及有关理论具有划时代的意义。他们的工作为建立线性规划学科奠定了重要的理论基础。丹捷格提出了一种在凸多面体的顶点中有效地寻求最优解的迭代策略。凸多面体顶点所对应的可行解称为基本可行解，单纯形法的基本思路为：先找出一个基本可行解，对它进行鉴别，判断该基本可行解否是为模型的最优解；若不是最优解，则按照一定法则转换到另一个改进的基本可行解，再次判断该基本可行解是否为模型的最优解；若仍不是最优解，则再次进行转换，按此思路重复进行。由于基本可行解的数量有限，故经有限次转换必能得出问题的全局最优解。随着1979年苏联数学家哈奇扬的椭球算法和1984年美籍印度数学家卡玛卡尔的 Karmarkar 算法相继问世，线性规划理论更加完备、成熟，实用领域更加宽广。目前，线性规划模型的求解理论已经非常完善。在数学建模过程中，建立线性规划模型并求解已经不再是一件困难的事情。建议学有余力的读者可以参考运筹学相关书籍学习线性规划的基础理论知识。掌握线性规划理论知识有助于读者更好地建立以及求解线性规划模型。

1.2 线性规划模型的求解软件

在数学建模过程中，绝大部分的优化模型都需借助软件求解模型。目前，求解线性规划模型的软件主要可以分为以下两类：第一类，使用经典、完善的优化类软件求解线性规划模型，如LINGO软件等；第二类，采用常用软件的函数命令求解线性规划模型，如MALTAB软件或者Python软件的linprog函数等。在这些软件中，读者并不需要关注具体的优化算法，只需要注重模型表达的准确性。下面分别简单介绍以上两类软件。

美国芝加哥大学的莱纳斯·施拉盖教授于1980年前后开发了一套专门用于求解最优化问题的软件包。经过多年的不断完善和扩充，莱纳斯·施拉盖教授成立了LINDO系统公司进行商业化运作，并取得了巨大成功。这套优化软件包的主要产品有四种：LINDO（目前已停止更新），LINGO，LINDO API和What's Best。在最优化软件的市场上，上述软件占有很大的份额。尤其是在供微机上使用的最优化软件市场上，上述软件产品具有绝对的优势。读者可以前往该公司的网站主页下载上述四种软件的演示版以及大量应用案例（网址：http://www.lindo.com）。演示版与正式版的基本功能类似，但演示版求解问题的规模受到严格限制。即使是正式版，通常也被分成求解包、高级版、超级版、工业版、扩展版等不同版本。不同版本的区别在于可求解问题的规模不同。求解规模越大的版本，其销售价格也越昂贵。各版本的求解规模如表1-1所示。

表1-1 不同版本优化软件的求解规模

版本类型	总变量数	整数变量数	非线性变量数	约束条件
演示版	300	30	30	150
求解包	500	50	50	250
高级版	2000	200	200	1000
超级版	8000	800	800	4000
工业版	32000	3200	3200	16000
扩展版	无限	无限	无限	无限

除LINGO软件外，广受大学生喜爱的两类计算软件MATLAB和Python也配备数学函数或者优化工具箱以实现线性规划模型的求解功能。

MATLAB的名称由matrix、laboratory两个单词组合而成，是由美国Mathworks

公司发布的，主要面对科学计算、可视化以及交互式程序设计的高科技计算环境的软件。目前，国内大部分高校数学类相关专业开设了数学软件课程教授MATLAB软件的使用方法。因此，本书将不再介绍MATLAB软件的基础语法知识，而重点讲述如何调用MATLAB的函数、工具箱求解优化模型。采用MATLAB软件求解线性规划模型有以下两种典型方式：使用函数命令linprog或者optimtool工具箱。后续将结合具体案例进行讲解。

近年来，Python软件以其在机器学习领域的广泛应用，逐渐成为大学生计算机语言类基础课程的主要内容。在各类大学生数学建模竞赛中，相当一部分学生选择Python软件作为求解数学模型的工具语言。考虑到本书的读者并非都是MATLAB软件用户，故将以一定篇幅介绍Python软件求解优化模型的方法。Python软件有许多模块提供了求解线性规划模型的方法，如scipy库的optimize模块提供了一个求解线性规划模型的函数linprog。此外，cvxopt库的solvers模块也可以求解线性规划模型。注意：对仅学过Python软件的读者而言，在学习本书的过程中只需关注各类模型的Python软件求解部分，而无须额外学习MATLAB软件的相关内容。

1.3　牛奶加工的线性规划模型案例

一家奶制品加工厂用牛奶生产A_1与A_2两种奶制品。已知1桶牛奶可以在设备甲上用12小时加工成3千克A_1，或者在设备乙上用8小时加工成4千克A_2，根据市场需求，生产A_1与A_2全部能售出，且每千克A_1获利24元，每千克A_2获利16元。现在，加工厂每天能得到50桶牛奶的供应，每天工人总劳动时间为480小时，并且设备甲每天至多能加工100千克A_1，设备乙的加工能力没有限制。请建立数学模型为该厂制订一个生产计划，使每天获利最大。

问题分析

这是一个标准的优化问题，其目标在于使得每天获利最大化，要做的决策为生产计划，即每天用多少桶牛奶生产A_1，用多少桶牛奶生产A_2（也可以选取每天生产多少千克A_1，多少千克A_2作为决策变量）；决策变量取值受到三个条件的限制：原料（牛奶）供应、劳动时间、设备甲的加工能力。通过对原题进行解读，可以得到如图1-1所示思路框架。按照题目所给条件将决策变量、目标函数和约束条件用数学符号及公式表示出来，就可以得到相应的数学模型。

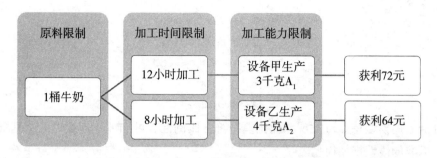

图1-1 牛奶加工问题思路框架

模型假设

1. A_1 与 A_2 两种奶制品每千克的获利是与它们各自产量无关的常数,每桶牛奶加工 A_1 与 A_2 的数量和所需的时间是与它们各自产量无关的常数。

2. A_1 与 A_2 每千克的获利是与它们相互间产量无关的常数,每桶牛奶加工 A_1 与 A_2 的数量和所需的时间是与它们相互间产量无关的常数。

3. 加工 A_1 与 A_2 的牛奶桶数可以是任意非负实数。

模型设计

按照优化模型的三要素(决策变量、目标函数、约束条件)建立本题的数学模型。设每天用 x_1 桶牛奶生产 A_1,用 x_2 桶牛奶生产 A_2。x_1 桶牛奶可生产 $3x_1$ 千克 A_1,获利 $24 \times 3x_1$,x_2 桶牛奶可生产 $4x_2$ 千克 A_2,获利 $16 \times 4x_2$。设每天获利为 z 元,故 $z = 72x_1 + 64x_2$。因此,优化模型的目标函数表达如下:

$$\max z = 72x_1 + 64x_2$$

确立目标函数后,决策变量取值受到生产原料、加工时间、加工能力、决策变量属性的限制。

- **生产原料的限制**:生产 A_1 与 A_2 的原料(牛奶)总量不得超过每天的供应总量,即 $x_1 + x_2 \leqslant 50$;
- **加工时间的限制**:生产 A_1 与 A_2 的总加工时间不得超过每天工人总劳动时间,即 $12x_1 + 8x_2 \leqslant 480$;
- **加工能力的限制**:A_1 的产量不得超过设备甲每天的加工能力,即 $3x_1 \leqslant 100$;
- **决策变量属性的限制**:x_1,x_2 均不能为负值,即 $x_1 \geqslant 0$,$x_2 \geqslant 0$。

综上所述,所建立的牛奶生产加工优化模型如下:

$$\max\ z=72x_1+64x_2$$

$$\text{s.t.}\begin{cases}x_1+x_2\leqslant 50\\12x_1+8x_2\leqslant 480\\3x_1\leqslant 100\\x_1\geqslant 0,x_2\geqslant 0\end{cases}$$

分析上述模型特点可发现该优化模型符合比例性、可加性、连续性三个基础条件，是一个标准的线性规划模型。

模型求解

在中学阶段，老师曾介绍利用图形法求解双决策变量构成的线性规划模型。如图1-2所示，图中阴影部分为一个凸五边形，即由约束条件构成的优化模型可行解空间；求目标函数的最大化等价于求图中虚线（虚线方程为 $x_2=\dfrac{z}{64}-\dfrac{9x_1}{8}$）与坐标轴截距的最大化。容易发现：当目标函数取到最大值时，虚线恰经过凸五边形的某个顶点。

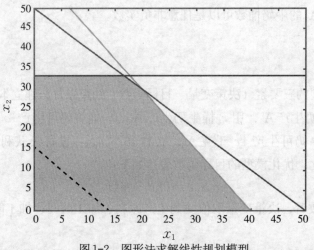

图1-2　图形法求解线性规划模型

虽然图形法简明易懂，但当线性规划模型涉及的决策变量较多时，图形法不再是一个合理、可行的求解方案。此时，采用软件求解线性规划模型显得更为高效。本节首先介绍如何利用LINGO软件求解牛奶加工问题中的线性规划模型。

在LINGO软件中输入如下代码：

LINGO代码

```
!先输入目标函数;
max=72*x1+64*x2;
!然后逐条输入约束条件;
```

6

```
x1+x2<=50;
12*x1+8*x2<=480;
3*x1<=100;
```

观察上述代码发现，LINGO代码与所建立的线性规划模型高度相似。代码第二行表示优化模型的目标函数，代码第四行至第六行表示优化模型的3项约束条件。相较于MATLAB软件与Python软件，LINGO软件更为易学，更受到学生们的追捧。它使编程者更加注重模型表达的准确性，而非算法设计的高效性。初学者只需要掌握LINGO代码的基本特点以及相关注意事项，就可以快速编写程序求解线性规划模型。

LINGO代码具有如下特点：程序以"max="或者"min="开始，后面直接写出目标函数表达式，表示求解最大化问题或者最小化问题；每行后面加一个分号，表示目标函数或者约束条件结束；程序默认所有的变量都是非负变量，所以不必输入非负约束（如需在负数范围内寻找最优解，可以使用@free(x)函数解除变量非负限制）；书写相当灵活，不必对齐，也不区分字符的大小写；约束条件中的"<="及">="可分别用"<"及">"代替。

运行上述程序，将显示如图1-3所示求解状态。

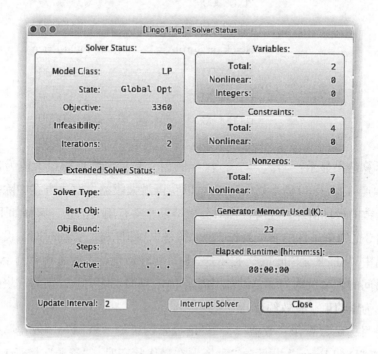

图1-3 牛奶加工问题LINGO求解状态

图1-3显示：模型类型属于LP（线性规划模型），目标函数值的状态为Global Opt（全局最优解），目标函数最优值为3360，迭代次数为2次。模型运算的具体结果显示

在 Solution Report 如下：

Global optimal solution found.

Objective value: 3360.000

Infeasibilities: 0.000000

Total solver iterations: 2

Elapsed runtime seconds: 0.03

Model Class: LP

Total variables: 2

Nonlinear variables: 0

Integer variables: 0

Total constraints: 4

Nonlinear constraints: 0

Total nonzeros: 7

Nonlinear nonzeros: 0

Variable	Value	Reduced Cost
X1	20.00000	0.000000
X2	30.00000	0.000000
Row	Slack or Surplus	Dual Price
1	3360.000	1.000000
2	0.000000	48.00000
3	0.000000	2.000000
4	40.00000	0.000000

模型运算结果显示：当 $x_1=20$，$x_2=30$ 时，目标函数取得最大值为 3360，即用 20 桶牛奶生产 A_1 以及 30 桶牛奶生产 A_2 可以获得最大收益。解决方案中除提示决策变量和目标函数的最优值外，还有许多对分析结果非常有用的信息，解释如下：

不妨将 3 个约束条件的右端看作 3 种"资源"，即原料、劳动时间、设备甲的加工能力。输出中"Slack or Surplus"提示这 3 种资源在最优状态时是否有剩余。可见，原料、劳动时间的剩余量均为零，设备甲尚余 40 千克加工能力。一般将"资源"剩余为零的约束称为紧约束（有效约束）。

不妨将目标函数看作"效益"。一旦增加紧约束的"资源"，"效益"必然跟着增长。输出中"Dual Prices"提示这 3 种资源在最优状态时，"资源"增长 1 个单位所引起的"效益"增量。如原料增加 1 个单位（1 桶牛奶）时，利润增长 48 元；劳动时间增加 1 个单位（1 小时）时，利润增长 2 元；而增加非紧约束（设备甲的加工能力）不会使得利润增长。这里，将"效益"的增量看作"资源"的潜在价值，经济学上称为影子价格，即1桶牛奶的影子价格为48元，1小时劳动的影子价格为2元，设备甲的影子价格为0元。读者可用直接求解的办法验证上述结论，即将输入文件中原料约束的右端参数50改为51，观察得到的最优值（利润）是否恰好增长48元。

此外，LINGO软件提供了模型灵敏性分析。首先，在软件菜单栏的"Option"中选择"General solver"页卡。然后，在页卡中"Dura Computations"选择"Price & ranges"即可。

除LINGO软件外，MATLAB软件的linprog函数也可用于求解线性规划模型。linprog函数调用方式如下 $[x, fval] = linprog\,(f, A, b, Aeq, beq, lb, ub, x_0)$。其中，$x$ 表示决策变量的最优解向量，$fval$ 表示目标函数的最优值。函数参数意义如下：

$$\min f^{\mathrm{T}} \times x$$
$$\mathrm{s.t}\begin{cases} A \times x \leqslant b \\ Aeq \times x = beq \\ lb \leqslant x \leqslant ub \end{cases}$$

其中，x_0 表示算法迭代的初始值。用户也可选择不指定迭代初始值，而由程序自行指定。

首先，将牛奶加工问题的线性规划模型写成矩阵形式如下：

$$\min A^{\mathrm{T}} \times X$$
$$\mathrm{s.t.}\begin{cases} B \times X \leqslant C \\ X \geqslant 0 \end{cases}$$

其中，$A = [-72 \quad -64]^{\mathrm{T}}$，$X = [x_1 \quad x_2]^{\mathrm{T}}$，$B = \begin{bmatrix} 1 & 1 \\ 12 & 8 \\ 3 & 0 \end{bmatrix}$，$C = \begin{bmatrix} 50 \\ 480 \\ 100 \end{bmatrix}$。

然后，调用函数linprog求解线性规划模型。注意，函数linprog用于求解目标函数最小化的线性规划模型。因此，当求目标函数最大化时，可采用取相反数的方式将最大化问题转化为最小化问题。代码如下所示：

```
MATLAB代码

A=-[72;64];%定义目标函数系数
B=[1,1;12,8;3,0];%定义不等式约束系数
C=[50;480;100];%定义不等式约束的常数
Lb=[0,0];%定义决策变量取值下限
[X,FVAL] = linprog(A,B,C,[],[],Lb)%两个空集合表示没有等式约束
```

注意 与LINGO代码不同，采用MATLAB软件求解线性规划模型时，软件并不默认决策变量的非负属性。因此，在代码中需要添加决策变量的取值下限要求。

运行上述代码，具体结果显示如下：

Optimization terminated.

X =

   20.0000

   30.0000

FVAL =

   −3.3600e+03

模型运算的结果显示：当 $x_1=20$，$x_2=30$ 时，目标函数取得最小值−3360，即原目标函数取得最大值3360，所得结果与LINGO软件结果相同！

此外，MATLAB软件提供了一种可视化求解优化模型的方法——Optimization Tool。首先，在软件"Command Window"中输入optimtool启动优化工具箱；然后，在页面Solver中选择线性函数求解器linprog，并输入优化模型的目标函数、约束条件如图1-4所示；最后，点击Strat按钮运行程序求解线性规划模型，并将模型结果显示在窗口内。

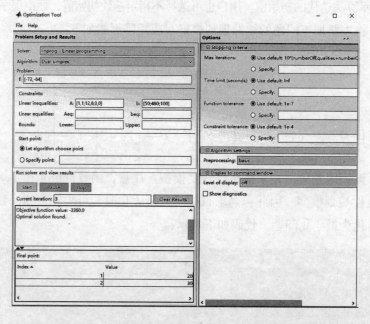

图1-4　MATLAB软件optimtool工具箱求解线性规划模型示意

注意　除linprog函数外，MATLAB软件还有许多其他函数可以求解线性规划模型，如fmincon，fminimax，fminsearch等。感兴趣的读者可在MATLAB软件"Command Window"中输入help参看帮助文件，学习函数使用方式，如输入help fmincon可以查看fmincon命令的使用方法以及相关案例。

最后，Python也有类似的函数命令linprog求解线性规划模型。与MATLAB软件相似，Python软件函数linprog可用于求解目标函数最小化的线性规划模型。因此，当求目标函数最大化时，可采用取相反数的方式将最大化问题转化为最小化问题。linprog函数调用方式如下：*res = linprog (c, A, b, Aeq, beq, bounds)*。其中，*res*表示优化模型的求解结果。函数的参数意义如下：

$$\min c' \times x$$
$$\text{s.t.} \begin{cases} A \times x \leqslant b \\ Aeq \times x = beq \end{cases}$$

其中，*bounds*表示决策变量的取值上下界。

求解牛奶加工问题的Python代码如下所示：

Python代码

```
#从科学计算库中的优化模块导入线性规划函数
from scipy.optimize import linprog
A=[-72,-64]; #定义目标函数系数
B=[[1,1],[12,8],[3,0]]; #定义不等式约束系数
C=[50,480,100]; #定义不等式约束的常数
res=linprog(A,B,C)
print(res)#输出最终结果
```

注意　Python软件与LINGO软件类似，程序默认决策变量的非负属性。

运行上述程序，具体结果显示如下：

fun: −3360.0

message: $'$Optimization terminated successfully.$'$

nit: 3

slack: array（[0., 0., 40.]）

status: 0

success: True

x: array（[20., 30.]）

模型运算的结果显示：当$x_1 = 20$，$x_2 = 30$时，目标函数取得最小值−3360，即原目标函数取得最大值3360，用20桶牛奶生产A_1，30桶牛奶生产A_2时可以获得最大收益。所得结果与LINGO软件、MATLAB软件结果完全相同。

注意　除linprog函数，Python还有其他许多函数可以完成上述模型的求解，如cvxpy库等。因此，感兴趣的读者可以参看相关书籍学习。

1.4 食用油加工的线性规划模型案例

加工一种食用油需要精炼若干种原料油并把它们混合起来。原料油的来源有两大类共五种：植物油VEG1、植物油VEG2、非植物油OIL1、非植物油OIL2、非植物油OIL3。购买每种原料油的价格（英镑/吨）如表1-2所示，最终产品以150英镑/吨售出。

表1-2 原料油价格

单位：英镑/吨

原料油	VEG1	VEG2	OIL1	OIL2	OIL3
价格	110	120	130	110	115

植物油和非植物油需要在不同的生产线上进行精炼。每月能够精炼的植物油不超过200吨，非植物油不超过250吨；在精炼过程中，重量没有损失，精炼费用可忽略不计。注意，最终产品必须符合硬度指标的技术条件。按照硬度计量单位，它必须为3.0~6.0。假定硬度的混合过程是线性的，且原料油的硬度数据如表1-3所示。

表1-3 原料油硬度

原料油	VEG1	VEG2	OIL1	OIL2	OIL3
硬度值	8.8	6.1	2.0	4.2	5.0

为使利润最大，建立数学模型制订月采购计划和加工计划。

问题分析

这个优化问题的目标是使得利润最大，而要做的决策是每月采购的各类原料油吨数。决策受到3个条件的限制：原料油的精炼能力、成品油的硬度要求以及决策变量属性。通过对原题进行分析后，可以得到如图1-5所示框架结构。按照题目所给条件将决策变量、目标函数和约束条件用数学符号及公式表示出来，就可以得到相应的数学模型。

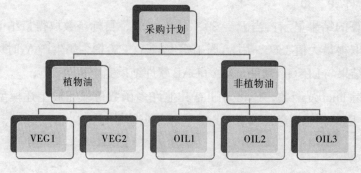

图1-5 食用油加工问题思路

模型假设

1. 每种原料油的进价与进货量无关，最终成品油的售价与产量无关，且生产的成品油均可售出。

2. 最终产品的硬度值是各种原料油硬度值的线性组合，且在精炼过程中没有重量损失。

3. 每种原料油的采购吨数可以是任意非负实数。

模型设计

按照优化模型的三要素（决策变量、目标函数、约束条件）建立数学模型。设每月采购五种原料油（VEG1、VEG2、OIL1、OIL2、OIL3）的吨数分别为 $x_m(m=1,2,3,4,5)$，那么，购买各类原料油的成本可表示为 $c=110x_1+120x_2+130x_3+110x_4+115x_5$。由于精炼过程中重量没有损失，成品油重量可表达为 $\sum_{m=1}^{5}x_m$。假设精炼的成品油均可售出，利润可表达为 $s=150\times\sum_{m=1}^{5}x_m$。因此，利润最大化的目标函数可以表示如下：

$$\max y=s-c=150\times\sum_{m=1}^{5}x_m-(110x_1+120x_2+130x_3+110x_4+115x_5)$$

确立目标函数后，决策变量取值受到原料油精炼能力、成品油硬度要求、决策变量属性的限制。

- **原料油精炼能力的限制**：每月能够精炼的植物油不超过200吨，每月能够精炼的非植物油不超过250吨。

$$\begin{cases} x_1+x_2\leqslant 200 \\ x_3+x_4+x_5\leqslant 250 \end{cases}$$

- **成品油硬度要求的限制**：最终产品硬度必须为 3.0~6.0；而最终产品的硬度值是各种原料油硬度值的线性组合。因此，此约束条件可以表达如下：

$$3.0\leqslant\frac{8.8x_1+6.1x_2+2.0x_3+4.2x_4+5.0x_5}{\sum_{m=1}^{5}x_m}\leqslant 6.0$$

- **决策变量属性的限制**：x_m 均不能为负值，即 $x_m\geqslant 0$，$m=1,2,\cdots,5$。

综上所述，所建立的食用油加工优化模型如下：

$$\max \ y = 40x_1 + 30x_2 + 20x_3 + 40x_4 + 35x_5$$

$$\text{s.t.} \begin{cases} x_1 + x_2 \leqslant 200 \\ x_3 + x_4 + x_5 \leqslant 250 \\ 3.0 \leqslant \dfrac{8.8x_1 + 6.1x_2 + 2.0x_3 + 4.2x_4 + 5.0x_5}{\displaystyle\sum_{m=1}^{5} x_m} \leqslant 6.0 \\ x_m \geqslant 0 \end{cases}$$

模型求解

在LINGO软件中输入如下代码求解上述线性规划模型：

LINGO代码

```
!先输入目标函数;
max=40*x1+30*x2+20*x3+40*x4+35*x5;
!然后逐条输入约束条件;
x1+x2<=200;
x3+x4+x5<=250;
2.8*x1+0.1*x2-4*x3-1.8*x4-x5<=0;
5.8*x1+3.1*x2-x3+1.2*x4+2*x5>=0;
```

运行如上程序，显示求解状态如图1-6所示。

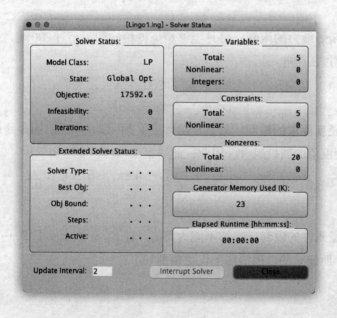

图1-6 食用油加工问题LINGO求解状态

图1-6显示：模型类型属于LP（线性规划模型），目标函数值的状态为Global Opt（全局最优解），目标函数最优值为17592.6，迭代次数为3次。模型运算的具体结果将显示在Solution Report如下：

Global optimal solution found.

Objective value: 17592.59

Infeasibilities: 0.000000

Total solver iterations: 3

Elapsed runtime seconds: 0.03

Model Class: LP

Total variables: 5

Nonlinear variables: 0

Integer variables: 0

Total constraints: 5

Nonlinear constraints: 0

Total nonzeros: 20

Nonlinear nonzeros: 0

Variable	Value	Reduced Cost
X1	159.2593	0.000000
X2	40.74074	0.000000
X3	0.000000	11.85185
X4	250.0000	0.000000
X5	0.000000	7.962963

Row	Slack or Surplus	Dual Price
1	17592.59	1.000000
2	0.000000	29.62963
3	0.000000	46.66667
4	0.000000	3.703704
5	1350.000	0.000000

模型运算的结果显示：当$x_1=159.2593$，$x_2=40.74074$，$x_4=250$时，目标函数取得最大值17592.59，即采购植物油VEG1 159.2593吨、植物油VEG2 40.74074吨、非植物油OIL2 250吨，能够获得最大收益17592.59元。

为便于调用MATLAB软件求解上述线性规划模型，需将食用油加工问题的线性规划模型写成矩阵形式如下：

$$\min A^{\mathrm{T}} \times X$$

$$\text{s.t.} \begin{cases} B \times X \leqslant C \\ X \geqslant 0 \end{cases}$$

其中，$A = \begin{bmatrix} 40 & 30 & 20 & 40 & 35 \end{bmatrix}^{\mathrm{T}}$，$X = \begin{bmatrix} x_1 & x_2 & x_3 & x_4 & x_5 \end{bmatrix}^{\mathrm{T}}$，

$$B = \begin{bmatrix} 1 & 1 & 0 & 0 & 0 \\ 0 & 0 & 1 & 1 & 1 \\ 2.8 & 0.1 & -4 & -1.8 & -1 \\ -5.8 & -3.1 & 1 & -1.2 & -2 \end{bmatrix}, \quad C = \begin{bmatrix} 200 \\ 250 \\ 0 \\ 0 \end{bmatrix}。$$

然后，调用函数 linprog 求解线性规划模型。注意，函数 linprog 可用于求解目标函数最小化的线性规划模型。因此，当求目标函数最大化时，可采用取相反数的方式将最大化问题转化为最小化问题。代码如下所示：

MATLAB 代码

```
A=[−40 −30 −20 −40 −35]'; %定义目标函数系数
B=[1 1 0 0 0;0 0 1 1 1;2.8 0.1 −4 −1.8 −1;−5.8 −3.1 1 −1.2 −2];%定义不等式约束的系数
C=[200,250,0,0]; %定义不等式约束的常数
Lb=zeros(5,1); %定义决策变量取值下限
[X,FVAL] = linprog(A,B,C,[],[],Lb) %两个空集表示没有等式约束
```

运行上述程序，可以得到具体结果显示如下：

Optimization terminated.

X =

159.2593

40.7407

0.0000

250.0000

0.0000

FVAL =

−1.7593e+04

模型运算的结果显示：当 $x_1 = 159.2593$，$x_2 = 40.7407$，$x_4 = 250$ 时，目标函数取得最小值 −17592.59，即原目标函数取得最大值 17592.59。所得优化模型的决策变量与目标函数值和 LINGO 软件得到的结果相同。

采用 MATLAB 软件 Optimizationtool 工具箱求解上述线性规划模型时，模型结果显示如图 1-7。

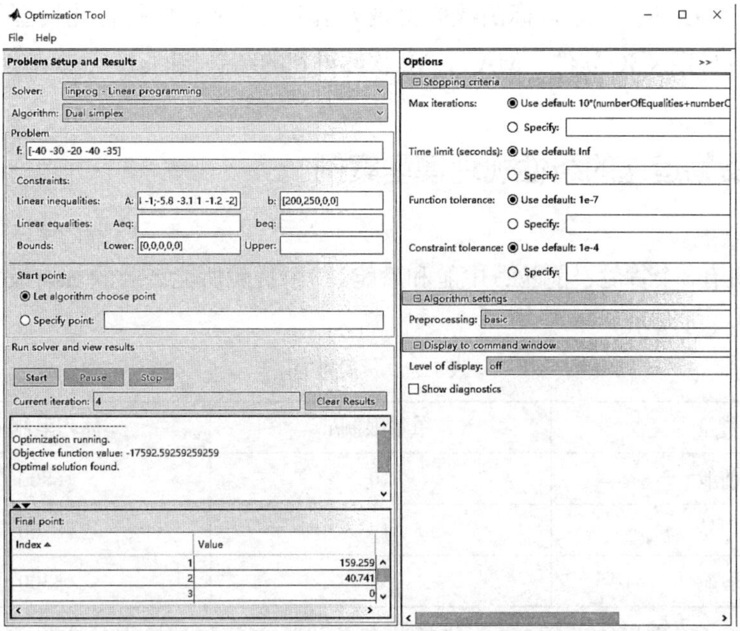

图1-7 MATLAB软件optimtool工具箱求解线性规划模型示意

如果采用Python求解上述线性规划模型，程序如下所示：

Python代码

```
#从科学计算库中的优化模块导入线性规划函数
from scipy.optimize import linprog
A=[-40,-30,-20,-40,-35]; #定义目标函数系数
B=[[1,1,0,0,0],[0,0,1,1,1],[2.8,0.1,-4,-1.8,-1],[-5.8,-3.1,1,-1.2,-2]]; #定义不等式约束的系数
C=[200,250,0,0]; #定义不等式约束的常数
res=linprog(A,B,C) #定义不等式约束
print(res) #输出最终结果
```

运行上述程序，可得到具体结果显示如下：

fun: −17592.592592592595

message: 'Optimization terminated successfully.'

nit: 4

slack: array ([0., 0., 0., 1350.])

status: 0

success: True

x: array ([159.25925926, 40.74074074, 0., 250., 0.])

模型运算结果显示：当 $x_1 = 159.25926$，$x_2 = 40.74074$，$x_4 = 250$ 时，目标函数取

得最小值−17592.59，即原目标函数取得最大值17592.59，所得优化模型的决策变量与目标函数值与LINGO软件、MATLAB软件得到的结果相同。

1.5 货物运送的线性规划模型案例

一架货机有3个货舱：前舱、中舱和后舱。3个货舱所能装载的货物最大重量和体积的限制如表1-4所示。

表1-4 货舱数据

货舱	重量限制/t	体积限制/m³
前舱	10	6800
中舱	16	8700
后舱	8	5300

为在飞行过程中保持平衡，3个货舱装载的货物必须与其最大的容量成比例。

现有4类货物需要用该货机进行装运，货物的规格以及装运后所获得的利润如表1-5所示。

表1-5 货物规格及利润表

货物	重量/t	空间/(m³/t)	利润/(元/t)
货物1	18	480	3100
货物2	15	650	3800
货物3	23	580	3500
货物4	12	390	2850

建立数学模型计算如何装运才能使得货机飞行利润最大。

问题分析

这个优化问题的目标是使得货机飞行获利最大，而要做的决策为装运方案，即在前舱、中舱、后舱分别装运4类货物的重量。决策变量取值需要受到4个条件的限制：货舱重量、货舱体积、飞行平衡、运送货物总量。按照题目所给条件将决策变量、目标函数和约束条件用数学符号及公式表示出来，就可以得到相应的数学模型。

模型假设

1. 每种货物可以分布在一个或者多个货舱内；

2. 不同种类的货物可以放在同一货舱且不留间隙；

3. 每种货物可以无限细分，即货物在各舱内的存储量为非负连续实数。

模型设计

按照优化模型的三要素（决策变量、目标函数、约束条件）建立数学模型。设在前舱放置4类货物的数量为x_{11}，x_{12}，x_{13}，x_{14}；在中舱放置4类货物的数量为x_{21}，x_{22}，x_{23}，x_{24}；在后舱放置4类货物的数量为x_{31}，x_{32}，x_{33}，x_{34}。因此，货物1的重量可表示为$\sum_{m=1}^{3} x_{m1}$，货物2的重量可表示为$\sum_{m=1}^{3} x_{m2}$，货物3的重量可表示为$\sum_{m=1}^{3} x_{m3}$，货物4的重量可表示为$\sum_{m=1}^{3} x_{m4}$。设飞行装运获利为z元，优化模型的目标函数如下：

$$\max z = 3100 \times \sum_{m=1}^{3} x_{m1} + 3800 \times \sum_{m=1}^{3} x_{m2} + 3500 \times \sum_{m=1}^{3} x_{m3} + 2850 \times \sum_{m=1}^{3} x_{m4}$$

在确立目标函数后，决策变量取值受到货舱重量、货舱体积、飞行平衡、运送货物总量以及决策变量属性的限制。

- **货舱重量的限制**：前舱、中舱、后舱装载的货物重量不得超过货舱重量上限。

$$\begin{cases} x_{11} + x_{12} + x_{13} + x_{14} \leqslant 10 \\ x_{21} + x_{22} + x_{23} + x_{24} \leqslant 16 \\ x_{31} + x_{32} + x_{33} + x_{34} \leqslant 8 \end{cases}$$

- **货舱空间的限制**：前舱、中舱、后舱装载的货物空间不得超过货舱空间上限。

$$\begin{cases} 480 \times x_{11} + 650 \times x_{12} + 580 \times x_{13} + 390 \times x_{14} \leqslant 6800 \\ 480 \times x_{21} + 650 \times x_{22} + 580 \times x_{23} + 390 \times x_{24} \leqslant 8700 \\ 480 \times x_{31} + 650 \times x_{32} + 580 \times x_{33} + 390 \times x_{34} \leqslant 5300 \end{cases}$$

- **飞行平稳性的限制**：为在飞行过程中保持平衡，3个货舱装载的货物必须与其最大的容量成比例。

$$\frac{x_{11} + x_{12} + x_{13} + x_{14}}{10} = \frac{x_{21} + x_{22} + x_{23} + x_{24}}{16} = \frac{x_{31} + x_{32} + x_{33} + x_{34}}{8}$$

- **货物总量的限制**：装载的货物总重量不得超过运送货物总重量。

$$\begin{cases} x_{11} + x_{21} + x_{31} \leqslant 18 \\ x_{12} + x_{22} + x_{32} \leqslant 15 \\ x_{13} + x_{23} + x_{33} \leqslant 23 \\ x_{14} + x_{24} + x_{34} \leqslant 12 \end{cases}$$

- **决策变量属性的限制**：x_{mn} 均不能为负值，即 $x_{mn} \geqslant 0, m = 1, 2, 3; n = 1, 2, 3, 4$。

综上所述，所建立货机运输问题的优化模型如下：

$$\max z = 3100 \times \sum_{m=1}^{3} x_{m1} + 3800 \times \sum_{m=1}^{3} x_{m2} + 3500 \times \sum_{m=1}^{3} x_{m3} + 2850 \times \sum_{m=1}^{3} x_{m4}$$

$$\text{s.t.} \begin{cases} x_{11}+x_{12}+x_{13}+x_{14} \leqslant 10 \\ x_{21}+x_{22}+x_{23}+x_{24} \leqslant 16 \\ x_{31}+x_{32}+x_{33}+x_{34} \leqslant 8 \\ 480 \times x_{11} + 650 \times x_{12} + 580 \times x_{13} + 390 \times x_{14} \leqslant 6800 \\ 480 \times x_{21} + 650 \times x_{22} + 580 \times x_{23} + 390 \times x_{24} \leqslant 8700 \\ 480 \times x_{31} + 650 \times x_{32} + 580 \times x_{33} + 390 \times x_{34} \leqslant 5300 \\ \dfrac{x_{11}+x_{12}+x_{13}+x_{14}}{10} = \dfrac{x_{21}+x_{22}+x_{23}+x_{24}}{16} = \dfrac{x_{31}+x_{32}+x_{33}+x_{34}}{8} \\ x_{11}+x_{21}+x_{31} \leqslant 18 \\ x_{12}+x_{22}+x_{32} \leqslant 15 \\ x_{13}+x_{23}+x_{33} \leqslant 23 \\ x_{14}+x_{24}+x_{34} \leqslant 12 \\ x_{mn} \geqslant 0, m=1,2,3; n=1,2,3,4 \end{cases}$$

模型求解

在LINGO软件中输入如下代码求解上述线性规划模型：

LINGO代码

```
!先输入目标函数;
max=3100*(x11+x21+x31)+3800*(x12+x22+x32)+3500*(x13+x23+x33)+2850*(x14+x24+x34);
!货舱重量限制;
x11+x12+x13+x14<=10;
x21+x22+x23+x24<=16;
x31+x32+x33+x34<=8;
!货舱空间限制;
480*x11+650*x12+580*x13+390*x14<=6800;
480*x21+650*x22+580*x23+390*x24<=8700;
480*x31+650*x32+580*x33+390*x34<=5300;
!飞机平衡限制;
(x11+x12+x13+x14)/10-(x21+x22+x23+x24)/16=0;
(x11+x12+x13+x14)/10-(x31+x32+x33+x34)/8=0;
!货物总重限制;
x11+x21+x31<=18;
x12+x22+x32<=15;
x13+x23+x33<=23;
x14+x24+x34<=12;
```

运行如上程序，将显示求解状态如图1-8所示。

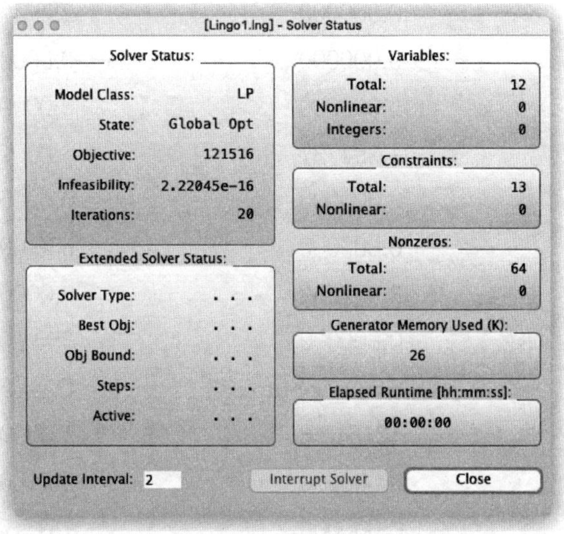

图1-8　货舱运输问题LINGO求解状态

图1-8显示：模型类型属于LP（线性规划模型），目标函数值的状态为Global Opt（全局最优解），目标函数最优值为121516，迭代次数为20次。模型运算的具体结果显示在Solution Report如下：

Global optimal solution found.

Objective value: 121515.8

Infeasibilities: 0.000000

Total solver iterations: 20

Elapsed runtime seconds: 0.04

Model Class: LP

Total variables: 12

Nonlinear variables: 0

Integer variables: 0

Total constraints: 13

Nonlinear constraints: 0

Total nonzeros: 64

Nonlinear nonzeros: 0

Variable	Value	Reduced Cost
X11	0.000000	400.0000
X21	0.000000	57.89474
X31	0.000000	400.0000

X12	10.00000	0.000000
X22	0.000000	239.4737
X32	5.000000	0.000000
X13	0.000000	0.000000
X23	12.94737	0.000000
X33	3.000000	0.000000
X14	0.000000	650.0000
X24	3.052632	0.000000
X34	0.000000	650.0000
Row	Slack or Surplus	Dual Price
1	121515.8	1.000000
2	0.000000	3500.000
3	0.000000	1515.789
4	0.000000	3500.000
5	300.0000	0.000000
6	0.000000	3.421053
7	310.0000	0.000000
8	0.000000	0.000000
9	0.000000	0.000000
10	18.00000	0.000000
11	0.000000	300.0000
12	7.052632	0.000000
13	8.947368	0.000000

模型运算的结果如表1-6所示。在前舱存储10吨货物2，在中舱存储约12.95吨货物3和约3.05吨货物4，在后舱存储5吨货物2和3吨货物3。采用上述运输策略可以获得最大利润为121515.8元。

表1-6　具体运算结果

单位：吨

货物	货舱		
	前舱	中舱	后舱
货物1	0	0	0
货物2	10	0	5
货物3	0	12.94737	3
货物4	0	3.052632	0

为便于调用MATLAB软件求解上述线性规划模型时，需将货物运输的线性规划模型写成矩阵形式如下：

$$\min A^{\mathrm{T}} \times X$$
$$\text{s.t.} \begin{cases} B \times X \leqslant C \\ D \times X = F \end{cases}$$

由于本题涉及变量矩阵较大，为节省篇幅直接给出调用linprog命令解决问题的MATLAB代码。

MATLAB代码

```
A=[3100 3800 3500 2850 3100 3800 3500 2850 3100 3800 3500 2850]'; %定义目标函数系数
A=A*(−1); %将最大化问题转化为最小化问题
B=[1 1 1 1 0 0 0 0 0 0 0 0;0 0 0 0 1 1 1 1 0 0 0 0;0 0 0 0 0 0 0 0 1 1 1 1;480 650 580 390 0 0 0 0 0 0 0 0;0 0 0 0 480 650 580 390 0 0 0 0; 0 0 0 0 0 0 0 0 480 650 580 390; 1 0 0 0 1 0 0 0 1 0 0 0;0 1 0 0 0 1 0 0 0 1 0 0;0 0 1 0 0 1 0 0 1 0;0 0 0 1 0 0 0 1 0 0 0 1]; %定义不等式约束的系数
C=[10 16 8 6800 8700 5300 18 15 23 12]'; %定义不等式约束的常数
D=[1/10 1/10 1/10 1/10 −1/16 −1/16 −1/16 −1/16 0 0 0 0;0 0 0 0 1/16 1/16 1/16 1/16 −1/8 −1/8 −1/8 −1/8]; %定义等式约束的系数
F=[0 0]'; %定义等式约束的常数
ub=[];
lb=zeros(1,12); %定义决策变量取值下限
[X,fval]=linprog(A,B,C,D,F,lb,ub)
```

注意 与LINGO代码不同，当采用MATLAB求解线性规划模型时，软件并不默认决策变量非负性。因此，在代码中需要添加决策变量的非负要求，即增加决策变量的取值下限。

运行上述程序，具体结果显示如下：

Optimization terminated.

X =

    0

  7.0000

  3.0000

    0

    0

    0

 12.9474

  3.0526

$$0$$
$$8.0000$$
$$0$$
$$0$$

fval =

$$-1.2152e+05$$

模型运算的结果如表1-7所示。在前舱存储7吨货物2和3吨货物3，在中舱存储约12.95吨货物3和约3.05吨货物4，在后舱存储8吨货物2。采用上述运输策略可以获得最大利润为121515.8元。

表1-7　具体运算结果

单位：吨

货物	货舱		
	前舱	中舱	后舱
货物1	0	0	0
货物2	7	0	8
货物3	3	12.94737	0
货物4	0	3.052632	0

采用MATLAB软件Optimizationtool工具箱求解上述线性规划模型时模型结果显示如图1-9。

图1-9　MATLAB软件optimtool工具箱求解线性规划模型示意

最后，我们来了解Python求解上述线性规划模型的方法，其程序如下：

Python代码

```
#从科学计算库中的优化模块导入线性规划函数
from scipy.optimize import linprog
A=[-3100,-3800,-3500,-2850,-3100,-3800,-3500,-2850,-3100,-3800,-3500,-2850]; #定义目标
函数系数
B=[[1,1,1,1,0,0,0,0,0,0,0,0],[0,0,0,0,1,1,1,1,0,0,0,0],[0,0,0,0,0,0,0,0,1,1,1,1],[480,650,580,390,0,0,0,0,
0,0,0,0],[0,0,0,0,480,650,580,390,0,0,0,0],[0,0,0,0,0,0,0,0,480,650,580,390],[1,0,0,0,1,0,0,0,1,0,0,0],[0,1,
0,0,0,1,0,0,0,1,0,0],[0,0,1,0,0,0,1,0,0,0,1,0],[0,0,0,1,0,0,0,1,0,0,0,1]] ;#定义不等式约束的系数
C=[10,16,8,6800,8700,5300,18,15,23,12]; #定义不等式约束的常数
D=[[1/10,1/10,1/10,1/10,-1/16,-1/16,-1/16,-1/16,0,0,0,0], [0,0,0,0,1/16,1/16,1/16,1/16,-1/8,-
1/8,-1/8,-1/8]]; #定义等式约束的系数
F=[0,0]; #定义等式约束的常数
res=linprog(A,B,C,D,F)
print(res) #输出结果
```

具体结果显示如下：

fun: −121515.78947368421

message: ′Optimization terminated successfully.′

nit: 9

slack: array（[0.00000000e＋00, 1.11022302e-15, 5.55111512e-16,
　　5.10000000e＋02, 0.00000000e＋00, 1.00000000e＋02,
　　1.80000000e＋01, 0.00000000e＋00, 7.05263158e＋00,
　　8.94736842e＋00]）

status: 0

success: True

x: array （[0. , 7. , 3. , 0. ,
　　0. , 0. , 12.94736842, 3.05263158,
　　0. , 8. , 0. , 0.]）

模型运算的结果如表1-8所示。在前舱存储7吨货物2和3吨货物3，在中舱存储约12.95吨货物3和约3.05吨货物4，在后舱存储8吨货物2。采用上述运输策略可以获得最大利润为121515.8元。

表1-8　具体运算结果

单位：吨

货物	货舱		
	前舱	中舱	后舱
货物1	0	0	0
货物2	7	0	8
货物3	3	12.9473684	0
货物4	0	3.05263158	0

对比 MATLAB 软件、Python 软件与 LINGO 软件得到的结果，细心的读者可以发现虽然不同软件得到的目标函数值相同，但是决策方案并不相同。这说明线性规划模型中可能存在多种决策方案达到最优值，但最优目标值往往只有一个。读者在自行验证上述程序时可以发现，不同版本的 MATLAB 软件、Python 软件由于精度不同、迭代初始值不同在最终结果输出时可能会有细微差别。

本章小结

通过本章节学习，读者需要掌握建立线性规划模型方法，即可以通过确定决策变量、目标函数、约束条件的顺序建立线性规划模型。掌握这种方法非常重要，可有助于学习后续非线性规划模型以及整数规划模型。由于线性规划模型求解理论已经非常成熟，在求解线性规划模型的过程中更注重软件求解方式。本章通过三个简单案例介绍 LINGO 软件、MATLAB 软件、Python 软件求解线性规划模型的方法。建议编程基础薄弱的读者可学习 LINGO 软件或者 MATLAB 软件工具箱求解线性规划模型，有一定编程基础的读者可学习编写 MATLAB 软件或者 Python 软件代码求解线性规划模型，两种软件掌握其中一种即可。

习　题

1. 编程求解以下线性规划模型（程序语言类型不作要求）。

$$\max z = 3x_1 - x_2 - x_3$$
$$\text{s.t.} \begin{cases} x_1 - 2x_2 + x_3 \leqslant 11 \\ -4x_1 + x_2 + x_3 \geqslant 3 \\ -2x_1 + x_3 = 1 \\ x_1, x_2, x_3 \geqslant 0 \end{cases}$$

$$\min z = -3x_1 + 4x_2 - 2x_3 + 5x_4$$
$$\text{s.t.} \begin{cases} 4x_1 - x_2 + 2x_3 - x_4 = -2 \\ x_1 + x_2 + 3x_3 - x_4 \leqslant 14 \\ -2x_1 + 3x_2 - x_3 + 2x_4 \geqslant 2 \\ x_1, x_2, x_3 \geqslant 0, x_4 \text{无约束} \end{cases}$$

2. 某部门考虑在今后五年内进行下列项目投资。已知：项目A，从第一年到第四年每年年初需要投资，并于次年年末回收本利115％；项目B，第三年年初需要投资，到第五年年末能回收本利125％，但规定最大投资额不超过4万元；项目C，第二年年初需要投资，到第五年年末能回收本利140％，但规定最大投资额不超过3万元；项目D，五年内每年年初可购买公债，于当年年末归还，并加息6％。该部门现有资金10万元，问：它应如何确定给这些项目每年的投资额，使得到第五年年末拥有的资金的本利总额为最大？

3. 某市有甲、乙、丙、丁四个居民区，自来水由A、B、C三个水库供应。四个区每天必须得到保证的基本生活用水分别为30，70，10，10千吨，但由于水源紧张，三个水库每天最多只能分别供应50，60，50千吨自来水。由于地理位置的差别，自来水公司从各水库向各区送水所需付出的引水管理费不同（见表1-9，其中C水库与丁区之间没有输水管道），其他管理费用都是450元/千吨。根据公司规定，各区用户按照统一标准900元/千吨收费。此外，四个区都向公司申请了额外用水，分别为每天50，70，20，0千吨。该公司应如何分配供水量才能获利最多？

表1-9　引水费用

水库	居民区引水管理费(元/千吨)			
	甲	乙	丙	丁
A	160	130	220	170
B	140	130	190	150
C	190	200	230	/

为了增加供水量，自来水公司正在考虑进行水库改造，使三个水库每天的最大供水量都提高一倍，问：那时供水方案应如何改变？公司利润可增加到多少？

第2章 非线性规划模型

本章学习要点

1. 理解线性规划模型与非线性规划模型在建模与求解过程中的相同点及差异；
2. 掌握 LINGO 软件的建模化语言；
3. 掌握用 MATLAB 软件或 Python 软件求解非线性规划模型的函数使用方法。

2.1 非线性规划模型的基础知识

线性规划的应用范围极其广泛，但仍存在较大局限性，并不能较好地处理许多实际问题。非线性规划模型比线性规划模型有着更强的适用性。事实上，客观世界中许多问题都属于非线性问题，即便给予线性处理也是基于科学的假设和简化后得到答案的。然而，有一些实际问题并不能进行线性化处理，否则将严重地影响模型对实际问题近似的可依赖性。但是，计算非线性规划问题往往非常困难，即便是理论上的讨论也不能像线性规划那样给出简洁的形式和透彻全面的结论。同时，问题的非线性属性也给模型建立和求解带来了极大的挑战。在第 1 章中介绍了线性规划模型符合比例性、可加性以及连续性条件，而本章介绍的非线性规划模型主要指目标函数或者约束条件不符合比例性或者可加性，但是决策变量取值符合连续性的情况。非线性规划模型的一般数学形式可以描述如下：

$$\min f(x)$$
$$\text{s.t.} \begin{cases} g_m(x) \leqslant 0, & m=1,2,\cdots,M \\ h_n(x) = 0, & n=1,2,\cdots,N \end{cases}$$

其中，$x = [x_1, x_2, \cdots, x_n]^{\mathrm{T}} \in \mathbf{R}^n$，而 $f(x)$，$g_m(x)$，$h_n(x)$ 是定义在 $\mathbf{R}^n$ 上的实值函数，这三类函数往往不全是线性函数。

如果采用向量表示法，则非线性规划模型的一般形式还可写成如下形式：

$$\min f(x)$$
$$\text{s.t.} \begin{cases} G(x) \leqslant 0 \\ H(x) = 0 \end{cases}$$

其中，$G(x) = [g_1(x), g_2(x), \cdots, g_M(x)]^{\mathrm{T}}$，$H(x) = [h_1(x), h_2(x), \cdots, h_N(x)]^{\mathrm{T}}$。

记上述非线性规划问题的可行域为K。若$x^* \in K$且$\forall x \in K$，都有$f(x^*) \leqslant f(x)$，则称x^*为上述非线性规划模型的全局最优解，称$f(x^*)$为其全局最优值。如果$\forall x \in K$且$x \neq x^*$，都有$f(x^*) < f(x)$，则称x^*为上述非线性规划模型的严格全局最优解，称$f(x^*)$为其严格全局最优值。

若$x^* \in K$且存在x^*的邻域$U(x^*, \delta)$，如果$\forall x \in U(x^*, \delta) \cap K$，都有$f(x^*) \leqslant f(x)$，则称$x^*$为上述非线性规划模型的局部最优解，称$f(x^*)$为其局部最优值。如果$\forall x \in U(x^*, \delta) \cap K$且$x \neq x^*$，都有$f(x^*) < f(x)$，则称$x^*$为上述非线性规划模型的严格局部最优解，称$f(x^*)$为其严格局部最优值。

线性规划理论指出：如果线性规划模型存在最优解，最优解只能在可行域的边界上达到（特别是可行域的顶点上达到），且该最优解定是全局最优解。但是，非线性规划模型却没有这样好的性质，其最优解（如果存在）可能在可行域的任意一点达到。非线性规划算法得到的最优解往往只能是局部最优解，并不能保障算法得到的最优解是全局最优解。下面简单地介绍求解非线性规划模型的一般理论方法。

与线性规划模型不同，非线性规划模型可以有约束条件，也可以没有约束条件。如果非线性规划模型没有约束条件，则可借鉴高等数学中求极值的方法进行求解。如果$f(x)$具有连续的一阶偏导数，且x^*是无约束条件非线性优化模型的局部极小点，则决策变量满足$\nabla f(x^*) = 0$。其中，$\nabla f(x)$表示函数$f(x)$的梯度函数。高等数学教师曾介绍极值与最值之间的联系与区别。如果$f(x)$具有连续的二阶偏导数，点x^*满足$\nabla f(x^*) = 0$，并且$\nabla^2 f(x^*)$为正定矩阵，则称x^*为无约束条件非线性优化模型的局部最优解。但由于非线性问题的复杂性，求解方程$\nabla f(x^*) = 0$往往是一件非常困难的工作，常采用数值方法求解，如最速降线法、牛顿法等。

对于有约束条件的非线性规划模型，求解时除要使目标函数在每次迭代过程中有所下降，同时还要关注迭代解的可行性。这给寻优工作带来了一定困难！目前，常见的思路是将有约束条件的非线性规划模型转换为无约束条件的非线性规划模型，如采用Lagrange数乘法将带等式约束的非线性规划模型转换成无约束的非线性规划模型；引入惩罚函数将带不等式约束的非线性规划模型转换成无约束的非线性规划模型。最后，可以按照无约束条件的非线性规划模型方式求解方程$\nabla f(x^*) = 0$，从而获得规划模型的局部最优解。

2.2 非线性规划模型的求解软件

如前所述，非线性规划模型不具备线性规划模型那样成熟且完备的求解方法，求解复杂非线性规划模型的全局最优解往往是一件极其困难的事情。因此，本节将结合LINGO软件、MATLAB软件以及Python软件重点介绍如何求解非线性规划模型。

通过第1章的学习，读者可能觉得LINGO软件比较简单，即便是初学者也易于上手。LINGO软件不仅可以求解线性规划模型，还可用于求解形式更为复杂的非线性规划模型，也包括求解非线性整数规划问题；LINGO软件内置建模语言，允许以简练、直观的方式描述较大规模的优化问题，所需的数据可以以一定格式保存在独立的文件中。在后续问题中，将使用建模化语言编写LINGO程序求解优化模型。在本书后续章节所涉及LINGO软件求解优化模型部分，都是采用建模化语言开展求解工作。因此，学好LINGO软件的建模化语言能够最大化地展现该软件求解优化模型的优势。

一般来说，使用LINGO软件编辑的建模化语言可以由以下五个部分组成，也可称为五"段"（SECTION）：

1. 集合段（SETS）：以"SETS:"开始，"ENDSETS"结束。在集合段中定义必要的集合变量（SET）及其元素（MEMBER，含义类似于数组的下标）和属性（ATTRIBUTE，含义类似于数组）。

2. 数据段（DATA）：以"DATA:"开始，"ENDDATA"结束。在数据段对集合的属性（数组）赋予必要的常数数据。格式为："attribute（属性）= value_list（常数列表）;"常数列表（value_list）中数据之间可以用逗号分开，也可以用空格分开（回车等价于一个空格）。

3. 初始段（INIT）：以"INIT:"开始，"ENDINIT"结束。在初始段对集合的属性（数组）定义初值（优化模型的求解算法一般是迭代算法，如果用户能提示一个高质量的迭代初值对提高算法运行效果是非常有益的）。如果有一个接近最优解的初值，对LINGO求解模型是非常有帮助的。定义初值的格式为："attribute（属性）= value_list（常数列表）;"。

4. 计算段（CALC）：以"CALC:"开始，"ENDCALC"结束。在计算段对一些原始数据进行计算处理。在实际问题中，由于输入数据往往是最初的原始数据，不一定能在模型中直接使用。因此，可以在计算段对这些原始数据进行一定程度的预处理，从而得到模型真正需要的数据。

5. 目标函数以及约束条件段：在这个段落描述目标函数以及约束条件等。该段没有段的开始标记和结束标记，可认为是除其他四个段（都有明确的段标记）外的LINGO模型。一般，这里需要应用LINGO软件的内部函数，尤其是与集合相关的求和函数@sum和循环函数@for等。

下面将结合具体案例讲解如何编写LINGO软件的建模化语言程序求解非线性规划模型。除上述提及的LINGO软件建模化语言程序，MATLAB软件的fmincon函数命令以及Python软件的minimize函数命令也可用于求解非线性规划模型的局部最优解，后面将结合具体案例进行讲解分析。

2.3 飞机定位的非线性规划模型案例

在飞行过程中，飞机能够收到来自地面各个监控台发来的关于飞机当前位置的信息，根据这些信息可以比较精确地定位飞机的当前位置。其中，VOR是高频多向导航设备的英文缩写，该设备能够测量飞机与该设备连线的角度信息，DME是距离测量装置的英文缩写，该设备能够测量飞机与该设备连线的距离信息。飞机接收到来自3个VOR提供的角度信息和1个DME提供的距离信息，并已知这4种设备的x，y坐标（假设飞机和这些设备在同一平面上）。根据这些信息，建立数学模型可精确地确定飞机当前的位置。飞机定位如图2-1所示，仪器数据如表2-1所示。

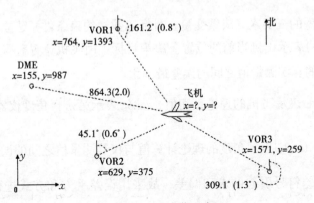

图2-1 飞机定位示意

表2-1 仪器数据

单位：km

仪器	仪器坐标	测量数据	仪器误差
VOR1	(764, 1393)	161.2°	0.8°
VOR2	(629, 375)	45.1°	0.6°
VOR3	(1571, 259)	309.1°	1.3°
DME	(155, 987)	864.3	2.0

注意 按照航空飞行惯例，该角度为从北开始，沿顺时针方向的角度。

问题分析

记4种设备VOR1、VOR2、VOR3、DME的坐标为(x_m, y_m)，$m=1,2,3,4$（以km为单位）。VOR1、VOR2、VOR3测量得到的角度信息为θ_m，角度误差限为σ_m，$m=1,2,3$；DME测量得到的距离信息为d_4（以km为单位），距离误差限为σ_4。记飞机当前的位置坐标为(x,y)。在不考虑误差的前提下，变量之间应满足如下方程组：

$$\begin{cases} \tan\theta_m = \dfrac{x-x_m}{y-y_m}, m=1,2,3 \\ d_4 = \sqrt{(x-x_4)^2+(y-y_4)^2} \end{cases}$$

由于存在测量误差以及仪器误差，如上方程组往往不存在理论解。此时，这是一个典型的超定方程组，即方程数量大于未知数数量的方程组。考虑将其转为一个非线性优化模型进行定位求解，即在最小二乘准则下使距离和角度的理论计算值与真实仪器测量值之间误差平方和最小化。按照题目所给条件将决策变量、目标函数和约束条件用数学符号及公式表示出来，就可以得到相应的数学模型。

模型设计

按照优化模型的三要素（决策变量、目标函数、约束条件）建立数学模型。决策变量：选取(x,y)表示飞机当前的位置。决策目标：由飞机位置获得的角度、距离理论值与仪器获得的真实测量值之间的误差最小化。

其中，$\dfrac{x-x_m}{y-y_m}$表示飞机的理论正切值，$\tan\theta_m$表示第m台角度仪器的真实测量值。因此，$\left|\dfrac{x-x_m}{y-y_m}-\tan\theta_m\right|$表示角度的理论计算值与仪器测量值之间的误差，该值应越小越好！为避免误差符号引起的求和偏差，故采用误差平方和方式进行衡量。可以用$\sum\limits_{m=1}^{3}\left|\dfrac{x-x_m}{y-y_m}-\tan\theta_m\right|^2$表示3个角度的理论计算值与真实测量值之间的误差平方和，用$\left[d_4-\sqrt{(x-x_4)^2+(y-y_4)^2}\right]^2$表示距离的理论计算值与真实测量值之间的误差平方，从而可以构建目标函数如下：

$$\min \sum_{m=1}^{3}\left|\frac{x-x_m}{y-y_m}-\tan\theta_m\right|^2 + \left[d_4-\sqrt{(x-x_4)^2+(y-y_4)^2}\right]^2$$

由于角度测量仪器的误差单位与距离测量仪器的误差单位并不相同，直接将两者误差平方和相加并不合理。因此，需用各自的误差限进行无量纲化处理，处理后的目标函数如下：

$$\min \sum_{m=1}^{3} \left| \frac{\dfrac{x-x_m}{y-y_m} - \theta_m}{\sigma_m} \right|^2 + \left[\frac{d_4 - \sqrt{(x-x_4)^2 + (y-y_4)^2}}{\sigma_4} \right]^2$$

由于上述目标函数将误差限作为分母,故误差限不能取零。若仪器误差限为零时,则应在约束条件中增加测量值与计算值之间误差为零的约束条件。

当确立目标函数后,决策变量取值还应符合误差限的基本要求。

$$\begin{cases} \tan(\theta_m - \sigma_m) \leqslant \dfrac{x-x_m}{y-y_m} \leqslant \tan(\theta_m + \sigma_m), m=1,2,3 \\ d_4 - \sigma_4 \leqslant \sqrt{(x-x_4)^2 + (y-y_4)^2} \leqslant d_4 + \sigma_4 \end{cases}$$

综上所述,所建立飞机定位问题的非线性优化模型如下:

$$\min \sum_{m=1}^{3} \left| \frac{\dfrac{x-x_m}{y-y_m} - \theta_m}{\sigma_m} \right|^2 + \left[\frac{d_4 - \sqrt{(x-x_4)^2 + (y-y_4)^2}}{\sigma_4} \right]^2$$

$$\begin{cases} \tan(\theta_m - \sigma_m) \leqslant \dfrac{x-x_m}{y-y_m} \leqslant \tan(\theta_m + \sigma_m), m=1,2,3 \\ d_4 - \sigma_4 \leqslant \sqrt{(x-x_4)^2 + (y-y_4)^2} \leqslant d_4 + \sigma_4 \end{cases}$$

由于上述模型的目标函数与约束条件并不具备比例性与可加性要求,故上述模型是一个标准的非线性规划模型。

模型求解

首先,介绍如何采用建模化语言编写 LINGO 程序求解上述非线性规划模型,在软件中输入代码如下所示。与第1章中的 LINGO 程序不同,此代码中定义了集合段、数据段、初始段、目标函数以及约束条件段。在集合段中定义5个 1×3 属性的向量,分别记录3个角度仪器的坐标、测量数据、仪器误差限。然后,在数据段中,将已知数值赋予已定义的向量。在初始段中,声明模型决策变量的迭代初始值,而该初始值往往可通过约束条件进行粗略估算获得,如利用2个角度测量仪器的交点作为迭代初始值等。一个好的初始值可以有效降低程序运行时间以及提高获得解的质量。最后,结合求和函数@sum以及循环函数@for编写非线性规划模型的目标函数以及约束条件。

LINGO代码

```
!定义集合段;
sets:
vor/1..3/:x,y,cita,sigma,alpha;
endsets
!定义数据段;
data:
x,y,cita,sigma=
746 1393 2.81347 0.0140
629 375 0.78614 0.0105
1571 259 5.39307 0.0227;
x4=155;
y4=987;
d4=864.3;
sigma4=2.0;
enddata
!定义决策变量初始值;
init:
xx=980;
yy=730;
endinit
@for(vor:@tan(alpha)=(xx-x)/(yy-y)); !@tan表示正切函数;
!输入目标函数;
min=@sum(vor:((alpha-cita)/sigma)^2)+((d4-((xx-x4)^2+(yy-y4)^2)^.5)/sigma4)^2;
!输入误差限的约束;
@for(vor:(xx-x)/(yy-y)>@tan(cita-sigma));
@for(vor:(xx-x)/(yy-y)<@tan(cita+sigma));
!@sqrt表示根号函数,@sqr表示平方函数;
@sqrt(@sqr(xx-x4)+@sqr(yy-y4))>d4-sigma4;
@sqrt(@sqr(xx-x4)+@sqr(yy-y4))<d4+sigma4;
```

　　求解非线性规划模型时，LINGO软件默认使用局部搜索求解器，从而求得局部最优解。但是，LINGO软件也配备全局搜索求解器。在软件的菜单栏Solver中的Options选择Global Solver页卡，勾选Use Global Solver即可。在选择全局搜索求解器后，运行如上LINGO程序，将显示求解状态如图2-2所示。

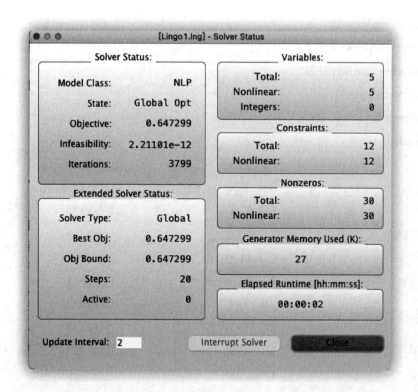

图2-2 飞机定位问题LINGO求解状态

图2-2显示：模型类型属于NLP（非线性规划模型），目标函数值的状态为Global Opt（全局最优解），目标函数局部最优值为0.647299，迭代次数为3799次。

需要注意，虽然调用全局优化求解器求解非线性规划模型后解的状态显示为Global Opt，但是这仅表示求解时采用全局搜索求解器而已，并不表示能够得到真正意义上的全局最优解。

模型运算的具体结果显示在Solution Report如下：

Global optimal solution found.

Objective value: 0.6472992

Objective bound: 0.6472988

Infeasibilities: 0.000000

Extended solver steps: 20

Total solver iterations: 3799

Elapsed runtime seconds: 2.01

Model Class: NLP

Total variables: 5

Nonlinear variables: 5

Integer variables: 0

Total constraints: 12

Nonlinear constraints: 12

Total nonzeros: 30

Nonlinear nonzeros: 30

Variable	Value	Reduced Cost
X4	155.0000	0.000000
Y4	987.0000	0.000000
D4	864.3000	0.000000
SIGMA4	2.000000	0.000000
XX	978.4430	0.000000
YY	724.5374	0.000000
X(1)	746.0000	0.000000
X(2)	629.0000	0.000000
X(3)	1571.000	0.000000
Y(1)	1393.000	0.000000
Y(2)	375.0000	0.000000
Y(3)	259.0000	0.000000
CITA(1)	2.813470	0.000000
CITA(2)	0.7861400	0.000000
CITA(3)	5.393070	0.000000
SIGMA(1)	0.1400000E−01	0.000000
SIGMA(2)	0.1050000E−01	0.000000
SIGMA(3)	0.2270000E−01	0.000000
ALPHA(1)	2.806944	0.000000
ALPHA(2)	0.7852631	0.000000
ALPHA(3)	5.378313	0.000000

Row	Slack or Surplus	Dual Price
1	0.000000	59.41222
2	0.000000	7.955747
3	0.000000	21.85985
4	0.6472992	−1.000000
5	0.8399240E−02	0.000000
6	0.1905827E−01	0.000000

7	0.2102524E-01	0.000000
8	0.2284848E-01	0.000000
9	0.2301033E-01	0.000000
10	0.9371759E-01	0.000000
11	1.959776	0.000000
12	2.040224	0.000000

模型运算结果显示，飞机定位信息为（978.4430，724.5374）。此时，飞机定位的理论信息与仪器获得的测量信息最为接近。

除LINGO软件外，MATLAB软件中的函数命令fmincon和fminunc也可用于求解非线性规划模型的最小值。如果优化模型中含有约束条件，则使用函数命令fmincon；否则，使用函数命令fminunc。当求目标函数最大化时，可采用取相反数的方式将最大化问题转化为最小化问题。fmincon函数调用方式如下：$[x, fval] = fmincon\,(fun, x0, A, b, Aeq, beq, lb, ub, nonlcon, options)$；fminunc函数调用方式如下：$[x, fval] = fminunc\,(fun, x0, options)$。其中，$x$表示决策变量的最优解矩阵，$fval$表示目标函数的最优值。函数的其他参数意义如下所示：

$$\min fun(x)$$
$$\text{s.t.} \begin{cases} A \times x \leqslant b \\ Aeq \times x = beq \\ lb \leqslant x \leqslant ub \\ nonlcon_1(x) \leqslant 0 \\ nonlcon_2(x) = 0 \end{cases}$$

其中，x_0表示算法迭代初始值。nonlcon矩阵包含非线性不等式以及非线性等式。

调用MATLAB软件fmincon函数命令求解飞机定位的非线性规划模型可分为三个步骤。首先，在MATLAB软件的Command Window中输入"edit"，在弹出的文本文件中定义非线性规划模型的目标函数，如下所示：

MATLAB代码

```
function y=obj(x)
%输入模型数据
X=[764,629,1571,155];
Y=[1393,375,259,987];
info1=[360-161.2+90,90-45.1,360-309+90]/180*pi;
info2=[0.8,0.6,1.3]/180*pi;
info3=864.3;
info4=2.0;
```

```
%定义距离相对误差
d=sqrt((x(1)-X(4))^2+(x(2)-Y(4))^2);
err1=abs(d-info3)/info4;
%迭代3次,依次累加角度相对误差
for k=1:3
    temp1=x(1)-X(k);
    temp2=x(2)-Y(k);
    temp3=atan2(temp2,temp1);
    th(k)=temp3;
    if th(k)<0
        th(k)=th(k)+2*pi;
    end
    err2(k)=(th(k)-info1(k))/info2(k);
end
%定义目标函数为两部分相对误差平方和之和
y=err1^2+sum(err2.^2);
```

输入目标函数完成后,将目标函数文件保存在当前运行路径下。文件必须以函数名命名,如"obj.m"。

然后,在MATLAB软件的Command Window中输入"edit",在弹出的文本文件中定义非线性规划模型的非线性约束条件,即非线性不等式与非线性等式,如下所示:

MATLAB代码

```
function [g,ceq]=subto(x)
%输入模型数据
X=[764,629,1571,155];
Y=[1393,375,259,987];
info1=[360-161.2+90,90-45.1,360-309+90]/180*pi;
info2=[0.8,0.6,1.3]/180*pi;
info3=864.3;
info4=2.0;
d=sqrt((x(1)-X(4))^2+(x(2)-Y(4))^2);
ceq=[];%表示没有非线性等式约束
%输入关于误差限的四个非线性不等式约束
g(1)=abs(d-info3)-info4;%关于距离误差限的非线性不等式约束
%循环生成三个角度误差限的非线性不等式约束
for k=1:3
    temp1=x(1)-X(k);
    temp2=x(2)-Y(k);
    temp3=atan2(temp2,temp1);
```

```
th(k)=temp3;
if th(k)<0
    th(k)=th(k)+2*pi;
end
g(k+1)=abs(th(k)−info1(k))−info2(k);
end
```

　　输入约束条件完成后，将文件保存在当前运行路径下。文件必须以函数名命名，如"subto.m"。

　　最后，在MATLAB软件的Command Window中输入如下程序：

MATLAB 代码

```
x0=[980,730];
A=[];
b=[];
Aeq=[];
beq=[];
VLB=[];
VUB=[];
opts = optimset('Display','iter','Algorithm','interior−point', 'MaxIter', 10000, 'MaxFunEvals', 10000);
[x,fval]=fmincon('obj',x0,A,b,Aeq,beq,VLB,VUB,'subto',opts)
```

　　运行上述程序，得到具体迭代过程以及结果显示如下：

Iter	F-count	f (x)	Feasibility	First-order optimality	Norm of step
0	3	1.518860e+00	0.000e+00	4.958e 01	
1	8	1.454476e+00	0.000e+00	4.222e−01	1.360e−01
2	19	1.429583e+00	0.000e+00	3.901e−01	5.960e-02
3	32	1.424325e+00	0.000e+00	2.745e−01	1.325e−02
4	36	1.424074e+00	0.000e+00	2.742e−01	1.140e−03
5	40	1.403994e+00	0.000e+00	2.495e−01	9.508e−02
6	44	1.328960e+00	0.000e+00	1.363e−01	4.384e−01
7	48	1.283327e+00	0.000e+00	8.251e−02	4.207e−01
8	51	1.261187e+00	0.000e+00	2.662e−02	5.511e−01
9	54	1.261157e+00	0.000e+00	4.916e−03	1.770e−02
10	57	1.261137e+00	0.000e+00	6.055e−03	1.294e−02

11	60	1.261077e+00	0.000e+00	7.908e−03	3.682e−02
12	63	1.261010e+00	0.000e+00	7.115e−03	4.213e−02
13	66	1.260963e+00	0.000e+00	3.411e−03	2.879e−02
14	69	1.260952e+00	0.000e+00	6.508e−04	5.115e−03
15	72	1.260952e+00	0.000e+00	2.000e−04	4.978e−03
16	75	1.260952e+00	0.000e+00	4.007e−05	1.443e−03
17	78	1.260952e+00	0.000e+00	4.068e−07	1.770e−04

Local minimum found that satisfies the constraints.

Optimization completed because the objective function is non−decreasing in

feasible directions, to within the value of the optimality tolerance,

and constraints are satisfied to within the value of the constraint tolerance.

<stopping criteria details>

x =

 981.3278 731.1164

fval =

  1.2610

模型运算结果显示，飞机的定位位置为（981.3278，731.1164）。此时，飞机定位的理论信息与仪器获得的测量数据最为接近。细心的读者发现：采用LINGO建模化语言编程得到决策变量以及目标函数的结果与调用MATLAB软件fmincon命令得到决策变量以及目标函数的结果不同！这是由两种软件在求解非线性规划模型时使用的数值迭代方法不同以及计算精度不同所致。即便采用不同版本的MATLAB软件得到的计算结果也会略有不同。

读者也可以采用MATLAB软件Optimizationtool工具箱求解上述非线性规划模型，具体可以分为如下过程：首先，在软件"Command Window"中输入optimtool启动优化工具箱；然后，在Solver中选择非线性函数求解器fmincon，并输入优化模型的目标函数、约束条件如图2-3所示；最后，点击Start按钮运行程序，将模型结果显示在窗口。

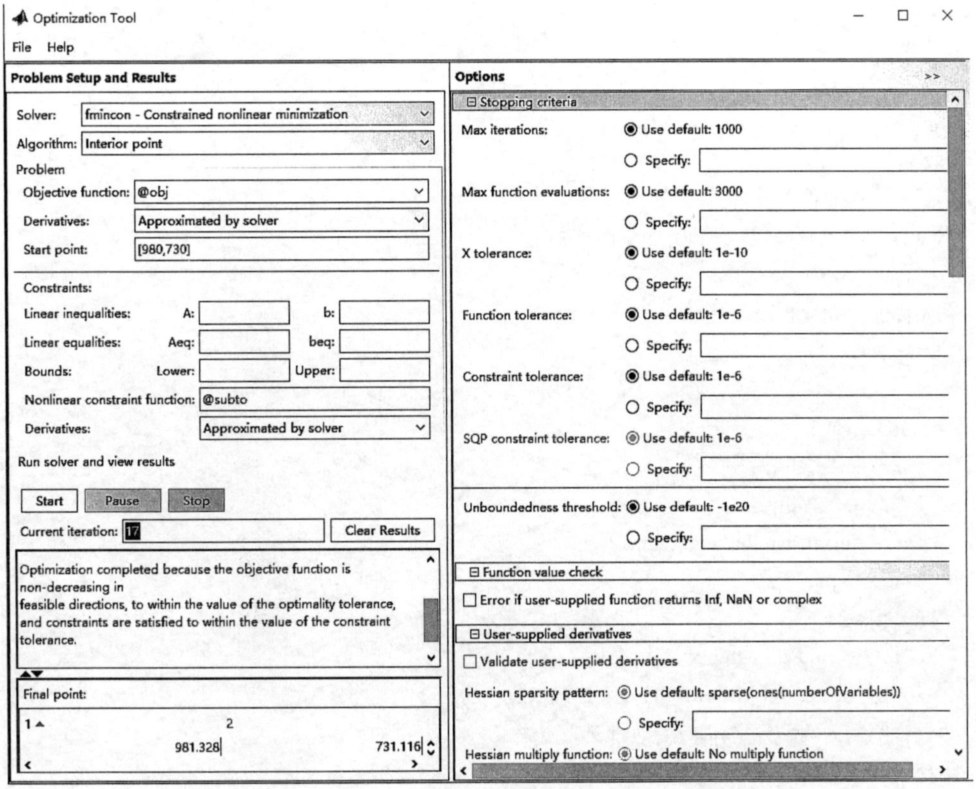

图2-3 MATLAB软件optimtool工具箱求解非线性规划模型示意

最后，Python软件scipy.optimize模块中的minimize函数也可以用于求解非线性规划模型的最小值。当求目标函数最大化时，可采用取相反数的方式将最大化问题转化为最小化问题。minimize函数命令调用方式如下：*res = minimize (func, x0, con-straints, method, options)*。其中，*res*表示优化模型的求解结果。函数的参数意义如下：func表示优化模型的目标函数，$x0$表示优化模型决策变量的迭代初始值，constraints表示优化模型的约束条件，method表示非线性规划模型的迭代方法，options表示优化模型的选项。

Python代码

```
import numpy as np
from scipy.optimize import minimize
import math
X=np.array([764,629,1571,155]);
Y=np.array([1393,375,259,987]);
info1=np.array([360−161.2+90,90−45.1,360−309+90])/180*math.pi;
info2=np.array([0.8,0.6,1.3])/180*math.pi;
```

```
info3=864.3;
info4=2.0;
#定义目标函数
def obj(x):
x1,x2=x
#定义距离相对误差；
    d=((x1−X[3])**2+(x2−Y[3])**2)**0.5
err1=np.abs(d−info3)/info4
#初始化三个角度相对误差
    th=np.zeros(3)
    err2=np.zeros(3)
    for i in range(3):
        temp1=x1−X[i];
        temp2=x2−Y[i];
        temp3=math.atan2(temp2,temp1);
        th[i]=temp3;
        if th[i]<0:
            th[i]=th[i]+2*math.pi;
        err2[i]=np.abs((th[i]−info1[i])/info2[i])**2;
    #目标函数为两部分之和,即误差平方和
    return err1**2+sum(err2)
#初始化约束条件
cons=[]
#添加距离相对误差约束条件
cons.append({'type':'ineq','fun':lambda x:info4−np.abs(((x[0]−X[3])**2+(x[1]−Y[3])**2)**0.5−in-
fo3)})
#循环定义三个约束条件,并添加至cons中
for i in range(3):
    def subto(x):
        th=np.zeros(3)
        x1,x2=x
        temp1=x1−X[i];
        temp2=x2−Y[i];
        temp3=math.atan2(temp2,temp1);
        th[i]=temp3;
        if th[i]<0:
            th[i]=th[i]+2*math.pi
        return −np.abs(th[i]−info1[i])+info2[i];
    cons.append({'type':'ineq','fun':subto})
res=minimize(obj,[980,730],constraints=cons)
print(res)
```

运行上述程序，具体结果显示如下：

fun: 1.2609515538593048

jac: array（[1.75476074e−04，−8.82297754e−05]）

message:ʹOptimization terminated successfullyʹ

nfev: 21

nit: 7

njev: 7

status: 0

success: True

x: array（[981.32799709，731.11582007]）

模型运算的结果显示，飞机的定位位置为（981.33，731.12）。此时，飞机定位的理论信息与仪器获得的测量数据最为接近。对比可以发现LINGO，MATLAB和Python软件得到决策变量以及目标函数的结果不同，这是由非线性模型的迭代求解算法不同导致的。可见，求解非线性规划模型的全局最优解是一件非常困难的工作，而各类软件得到的结果往往是局部最优解！

2.4 太阳影子定位的非线性规划模型案例

如何确定视频的拍摄地点、拍摄日期是视频数据分析的重要方面，太阳影子定位技术就是通过分析视频中物体的太阳影子变化情况，确定视频拍摄的地点和日期的一种方法。根据某固定直杆在水平地面上的太阳影子长度数据，建立数学模型确定直杆所处的地点。将建立的数学模型应用于表2-2拍摄于2015年4月18日的影子长度数据，给出若干个可能的地点。

表2-2 影子顶点坐标数据

北京时间	14:42	14:45	14:48	14:51	14:54	14:57	15:00
影子长度/米	1.1496	1.1821	1.2153	1.2491	1.2832	1.3180	1.3534
北京时间	15:03	15:06	15:09	15:12	15:15	15:18	15:21
影子长度/米	1.3894	1.4262	1.4634	1.5015	1.5402	1.5799	1.6201
北京时间	15:24	15:27	15:30	15:33	15:36	15:39	15:42
影子长度/米	1.6613	1.7033	1.7462	1.7901	1.8350	1.8809	1.9279

说明 本例题改编自2015年全国大学生数学建模竞赛A题。

问题分析

太阳高度角和直杆高度是引起影子长度变化的直接因素。通过查阅文献可知：太阳高度角与视频拍摄日期、拍摄时刻、拍摄地点等参数密切相关。本题要求根据已知日期、时刻以及对应的影子长度数据建立数学模型，应用实际数据找出满足要求的地理位置。通过充分的资料检索，列出各相关参数的几何意义以及计算方式如下所示：

- **太阳高度角 h**：地球表面上任意点和太阳中心连线与地平线的夹角，计算公式为

$$h = \arcsin(\sin\varphi\sin\delta + \cos\varphi\cos\delta\cos t)$$

其中，物体所在地理纬度记为 φ，太阳赤纬角记为 δ，时角记为 t。

- **太阳赤纬角 δ**：太阳中心和地球中心的连线与地球赤道平面的夹角。其中，在春分、秋分时刻夹角最小为 $0°$，在夏至、冬至时角度达到最大值，为 $\pm23°26'36''$；

定义积日零点为 2015 年 1 月 1 日，2015 年春分日为 3 月 21 日，春分日与 2015 年 1 月 1 日相差 79 天。由于春分时赤纬角 $\delta = 0°$，故以春分日为基准，则得到第 N 天的赤纬角计算公式为

$$\sin\delta = \sin\theta_{tr}\sin\left[\frac{360}{365.2422}(N-79)\right]$$

其中，$\theta_{tr} = 23°26'36''$，365.2422 表示地球公转一周的天数。

- **时角 t**：单位时间内地球自转的角度，定义正午时角为 $0°$，记上午时角为负值，下午时角为正值。考虑任意经度位置的物体计算时角都以北京时间为基准，且规定正午时角为 $0°$。因此，时角计算式为

$$t = 15 \times \left(t_0 + \frac{\alpha - \alpha_0}{15} - 12\right)$$

其中，北京时间记为 t_0，北京时间所在经度记为 $\alpha_0 = 120°$，物体所在地理经度为 α。

综上分析，得到影子长度变化函数式如下所示：

$$l = H \times \cot h = H \times \cot(\arcsin(\sin\varphi\sin\delta + \cos\varphi\cos\delta\cos t))$$

其中，H 表示直杆高度。

将题给影子长度数据代入上述公式，可以得由 21 个方程构成的方程组。由于题给数据拍摄于 2015 年 4 月 18 日，故可以求得当天的赤纬角如下：

$$\delta = \arcsin\sin\theta_{tr}\sin\left[\frac{360}{365.2422} \times (107-79)\right]$$

分析方程组结构发现，方程组仅涉及 3 个未知变量：直杆高度 H、直杆所处经度 α 以及直杆所处纬度 φ。借鉴 2.3 节所构建的飞机定位模型发现这是一个求解超定方程组的问题，由此可进一步转化为非线性规划模型进行求解。按照题目所给条件将决策变

量、目标函数和约束条件用数学符号及公式表示出来，就可以得到相应的数学模型。

模型假设

不考虑由于云层折射对影长测量所造成的影响。

模型设计

按照优化模型三要素（决策变量、目标函数、约束条件）建立数学模型。决策变量：选取 H 表示直杆高度，(α, φ) 表示直杆所处的经纬度。决策目标：由决策变量获得的理论直杆影子长度与实际测量获得影子长度之间误差越小越好，则有如下目标函数：

$$\min \sum_{m=1}^{21} \left| H \times \cot\left(\arcsin\left(\sin\varphi \sin\delta + \cos\varphi \cos\delta \cos\left(15 \times \left(t_m + \frac{\alpha - \alpha_0}{15} - 12\right)\right)\right)\right) - l_m \right|$$

其中，t_m 表示题给数据第 m 个时刻的北京时间，l_m 表示题给数据第 m 个时刻的影子长度，$m=1, 2, \cdots, 21$。

分析以上目标函数可知：决策变量构成了一个三维决策空间，寻优搜索工作量非常巨大！但是结合原题发现，直杆高度 H 并非题目所要求解的参数。因此，可通过逐项做商的方式进行简化，得到简化后的目标函数如下所示：

$$\min \sum_{m=1}^{20} \left| \frac{\cot\left(\arcsin\left(\sin\varphi \sin\delta + \cos\varphi \cos\delta \cos\left(15 \times \left(t_m + \frac{\alpha - \alpha_0}{15} - 12\right)\right)\right)\right)}{\cot\left(\arcsin\left(\sin\varphi \sin\delta + \cos\varphi \cos\delta \cos\left(15 \times \left(t_{m+1} + \frac{\alpha - \alpha_0}{15} - 12\right)\right)\right)\right)} - \frac{l_m}{l_{m+1}} \right|$$

以上目标函数仅含有两个决策变量，即直杆经纬度 (α, φ)。将题目从三维求解空间转换到二维求解空间，极大地降低了求解非线性规划模型的工作量。

在确立目标函数后，决策变量取值范围还需满足如下基本要求：

$$\begin{cases} \varphi \in [-90°, 90°] \\ \alpha \in [-180°, 180°] \end{cases}$$

综上所述，所建立直杆定位问题的优化模型如下：

$$\min \sum_{m=1}^{20} \left| \frac{\cot\left(\arcsin\left(\sin\varphi\sin\delta + \cos\varphi\cos\delta\cos\left(15 \times \left(t_m + \dfrac{\alpha - \alpha_0}{15} - 12\right)\right)\right)\right)}{\cot\left(\arcsin\left(\sin\varphi\sin\delta + \cos\varphi\cos\delta\cos\left(15 \times \left(t_{m+1} + \dfrac{\alpha - \alpha_0}{15} - 12\right)\right)\right)\right)} - \frac{l_m}{l_{m+1}} \right|$$

$$\text{s.t.} \begin{cases} \varphi \in [-90°, 90°] \\ \alpha \in [-180°, 180°] \end{cases}$$

模型求解

采用建模化语言在LINGO软件中输入如下代码。在程序中定义集合段、数据段、初始段、目标函数以及约束条件段。其中，决策变量的初始值可以通过约束条件进行估算。

LINGO代码

```
!定义集合段;
sets:
al/1..21/:t,l,td,tt1;!记录实验的北京时间、杆子长度、时角等信息;
bl/1..20/:;
endsets
!定义数据段;
data:
!将时间转化为十进制输入;
t=14.7000  14.7500  14.8000  14.8500  14.9000  14.9500  15.0000  15.0500  15.1000  15.1500  15.2000
15.2500 15.3000 15.3500 15.4000 15.4500 15.5000 15.5500 15.6000 15.6500 15.7000;
l=1.1496 1.1821 1.2153 1.2491 1.2832 1.3180 1.3534 1.3894 1.4262 1.4634 1.5015 1.5402 1.5799
1.6201 1.6613 1.7033 1.7462 1.7901 1.8350 1.8809 1.9279;
enddata
!定义决策变量的迭代初始值;
init:
jd=116;
wd=20;
endinit
!定义目标函数;
min=@sum(bl(i):@abs(l(i+1)/l(i)-@tan(@asin(@sin(w)*@sin(k)+ @cos(w)*@cos(k)*@cos
(tt1(i))))/@tan(@asin(@sin(w)*@sin(k)+@cos(w)*@cos(k)*@cos(tt1(i+1))))));
!计算时角;
u=-120+jd;
@for(al(i):td(i)=t(i)+u/15);
```

```
@for(al(i):tt1(i)=15*(td(i)-12)*pi/180);
!计算赤纬角;
PI=@acos(-1);
N=31+28+31+17;
k=@asin((@sin(23.43917*pi/180)*@sin(2*pi*(N-79)/365.2422));
w=wd/180*pi;
!输入经纬度约束条件;
jd>-180;
jd<180;
wd<90;
wd>-90;
```

注意 LINGO，MATLAB和Python软件中涉及三角函数的自变量单位为弧度。因此，需要将原题中的角度转化为弧度进行计算。此外，由于LINGO软件没有余切函数，故采用正切函数的倒数形式计算弧度余切值。

在LINGO软件选择全局优化求解器后运行如上程序，显示求解状态如图2-4所示。

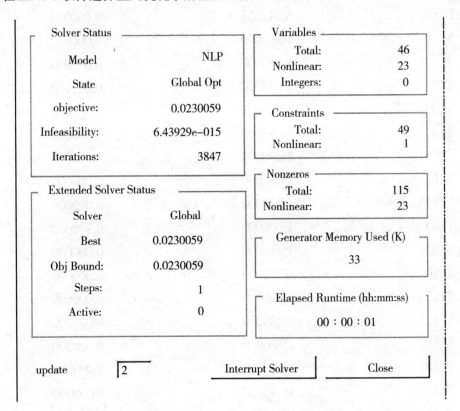

图2-4　直杆定位问题LINGO求解状态

图2-4显示：模型类型属于NLP（非线性规划模型），目标函数值的状态为Global

Opt（全局最优解），目标函数最优值为0.0230059，迭代次数为3847次。

模型运算的具体结果显示在Solution Report，如下所示：

Global optimal solution found.

Objective value:	0.2300586E－01	
Objective bound:	0.2300586E－01	
Infeasibilities:	0.6439294E－14	
Extended solver steps:	1	
Total solver iterations:	3847	

Variable	Value	Reduced Cost
JD	121.2346	0.000000
WD	18.52468	0.000000
W	0.3233166	0.000000
K	0.1914808	0.000000
U	1.234573	0.2373302E－02
PI	3.141593	0.000000
N	108.0000	0.000000
T(1)	14.70000	0.000000
T(2)	14.75000	0.000000
T(3)	14.80000	0.000000
T(4)	14.85000	0.000000
T(5)	14.90000	0.000000
T(6)	14.95000	0.000000
T(7)	15.00000	0.000000
T(8)	15.05000	0.000000
T(9)	15.10000	0.000000
T(10)	15.15000	0.000000
T(11)	15.20000	0.000000
T(12)	15.25000	0.000000
T(13)	15.30000	0.000000
T(14)	15.35000	0.000000
T(15)	15.40000	0.000000
T(16)	15.45000	0.000000
T(17)	15.50000	0.000000

模型运算的结果显示：直杆定位的经纬度位置为北纬121.2346°，东经18.52468°。此时，直杆的影子长度信息与测量获得的影子长度数据最为接近。

调用MATLAB软件fmincon函数命令求解直杆定位的非线性规划模型可分为三个步骤。首先，在MATLAB软件Command Window中输入"edit"，在弹出的文本文件中定义非线性规划模型的目标函数。

MATLAB代码

```
function y=obj(x)
jd=x(1);
w=x(2)/180*pi;
t=14+42/60:3/60:15+42/60;
l=[1.1496 1.1821 1.2153 1.2491 1.2832 1.3180 1.3534 1.3894 1.4262 1.4634 1.5015 1.5402 1.5799
1.6201 1.6613 1.7033 1.7462 1.7901 1.8350 1.8809 1.9279];
%计算赤纬角
N=31+28+31+17;
k=asin(sin(23.43917*pi/180)*sin(2*pi*(N-79)/365.2422));
%计算时角
u=-120+jd;
td=t+u/15;
tt1=15*(td-12)*pi/180;
%定义目标函数,计算20个逐项做商的误差平方和
for i=1:20
err(i)=cot(asin(sin(w)*sin(k)+cos(w)*cos(k)*cos(tt1(i))))/cot(asin(sin(w)*sin(k)+cos(w)*cos
(k)*cos(tt1(i+1))))-l(i)/l(i+1);
end
y=sum(abs(err));
```

输入目标函数完成后，将文件保存在当前路径下。文件必须以函数名进行命名，如"obj.m"。由于模型没有非线性的等式约束以及非线性的不等式约束，所以无须定义非线性约束函数。

然后，在MATLAB软件的Command Window中输入如下程序：

MATLAB代码

```
opts = optimset('Display','iter','Algorithm','interior-point', 'MaxIter', 10000, 'MaxFunEvals', 10000);
x0=[116,20];
VLB=[-180,-90];
VUB=[180,90];
[x,fval]=fmincon('obj',x0,[],[],[],[],VLB,VUB,[],opts）
```

运行上述程序，可以得到具体结果显示如下：

Iter	F-count	f (x)	Feasibility	First-order optimality	Norm of step
0	3	2.226801e−02	0.000e+00	3.553e−03	
1	6	2.225420e−02	0.000e+00	3.550e−03	3.717e−03
2	9	2.218501e−02	0.000e+00	3.546e−03	1.862e−02
3	12	2.183987e−02	0.000e+00	3.526e−03	9.307e−02
4	15	2.024434e−02	0.000e+00	3.099e−03	4.639e−01
5	18	1.394834e−02	0.000e+00	2.238e−03	2.127e+00
6	21	7.652087e−03	0.000e+00	1.737e−03	4.750e+00
7	24	7.625643e−03	0.000e+00	9.317e−04	7.013e−01
8	27	7.582700e−03	0.000e+00	1.310e−03	3.088e−01
9	30	7.580755e−03	0.000e+00	1.309e−03	6.557e−03
10	33	7.571032e−03	0.000e+00	1.308e−03	3.325e−02
11	36	7.554988e−03	0.000e+00	9.196e−04	1.687e−01
12	39	7.488479e−03	0.000e+00	9.139e−04	8.904e−02
13	42	7.158641e−03	0.000e+00	1.273e−03	4.618e−01
14	45	4.784672e−03	0.000e+00	1.539e−03	3.050e+00
15	51	4.225955e−03	0.000e+00	2.452e−03	1.428e+00
16	54	2.820893e−03	0.000e+00	2.038e−03	1.273e+00
17	58	1.363734e−03	0.000e+00	3.616e−03	2.761e+00
18	64	1.081303e−03	0.000e+00	7.118e−04	2.700e−01
19	67	9.380609e−04	0.000e+00	4.070e−04	6.781e−01
20	71	9.248337e−04	0.000e+00	6.175e−04	1.298e−01
21	76	9.187687e−04	0.000e+00	1.518e−04	2.276e−02
22	79	9.186880e−04	0.000e+00	6.157e−04	3.470e−02
23	83	9.174314e−04	0.000e+00	4.051e−04	4.008e−02
24	86	9.162667e−04	0.000e+00	6.151e−04	3.125e−02
25	91	9.161002e−04	0.000e+00	1.536e−04	1.366e−03
26	94	9.154822e−04	0.000e+00	1.537e−04	9.193e−03
27	99	9.147662e−04	0.000e+00	6.138e−04	1.151e−02
28	111	9.147406e−04	0.000e+00	4.531e−04	7.191e−04
29	116	9.147215e−04	0.000e+00	1.537e−04	3.596e−04

30	119	9.147034e−04	0.000e+00	4.531e−04	4.031e−04
31	130	9.146989e−04	0.000e+00	4.047e−04	4.320e−05
32	134	9.146913e−04	0.000e+00	6.135e−04	8.641e−05
33	137	9.146822e−04	0.000e+00	1.537e−04	4.411e−05
34	142	9.146820e−04	0.000e+00	4.533e−04	8.988e−06
35	146	9.146785e−04	0.000e+00	4.533e−04	2.347e−05
36	154	9.146784e−04	0.000e+00	5.843e−04	7.154e−06

Local minimum possible. Constraints satisfied.

fmincon stopped because the size of the current step is less than

the value of the step size tolerance and constraints are

satisfied to within the value of the constraint tolerance.

＜stopping criteria details＞

x ＝

 108.7986 19.2078

fval ＝

 9.1468−04

模型运算的结果显示：直杆定位的经纬度位置为北纬108.7986°，东经19.2078°。此时，直杆的影子长度信息与测量获得的影子长度数据最为接近。

读者也可以采用MATLAB软件Optimizationtool工具箱求解上述非线性规划模型，输入优化模型的目标函数、约束条件如图2-5所示，将模型结果显示在窗口。

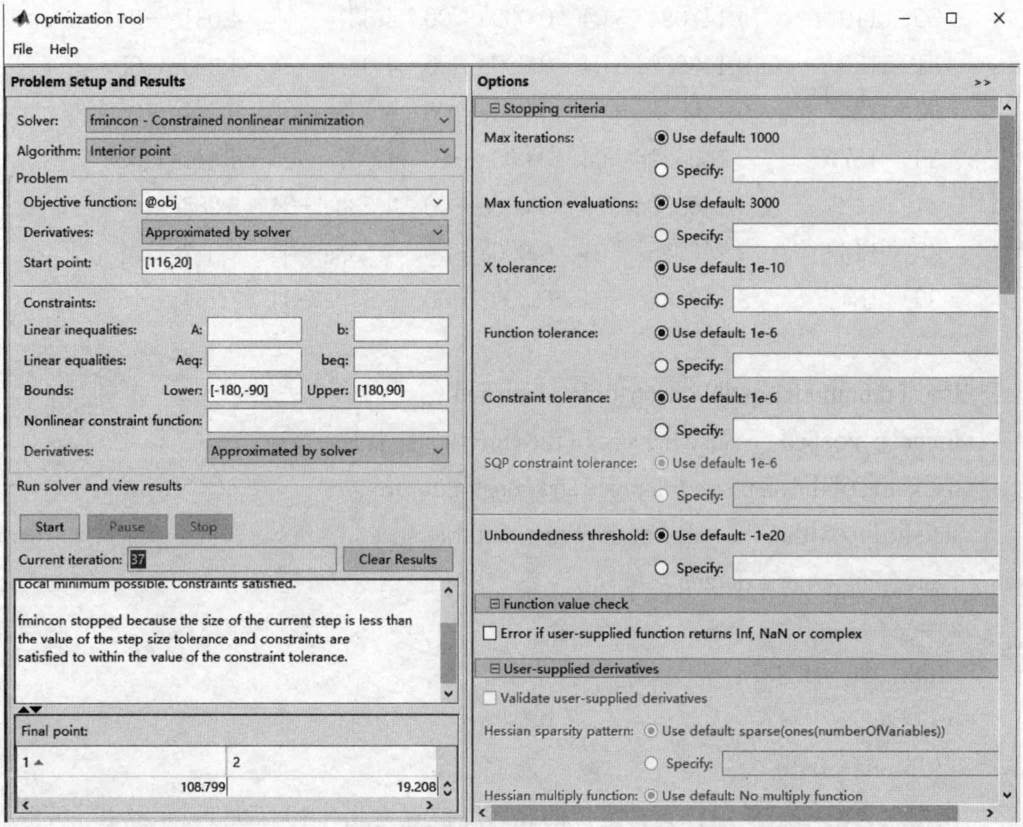

图2-5　MATLAB软件optimtool工具箱求解非线性规划模型示意

最后，Python软件scipy.optimize模块的minimize函数也可以用于求解非线性规划模型的最小值，程序代码如下所示：

Python代码

```python
import numpy as np
from scipy.optimize import minimize
import math
l=np.array([1.1496,1.1821,1.2153,1.2491,1.2832,1.3180,1.3534,1.3894,1.4262,1.4634,1.5015,1.5402,
1.5799,1.6201,1.6613,1.7033,1.7462,1.7901,1.8350,1.8809,1.9279]);
t=np.linspace(14.7,15.7,21);
#计算赤纬角
N=31+28+31+17;
k=math.asin(math.sin(23.43917*math.pi/180)*math.sin(2*math.pi*(N-79)/365.2422));
#定义目标函数
def obj(x):
    jd,w=x
```

```
    err=np.zeros(20)
    u=-120+jd;
    td=t+u/15;
    wd=w*math.pi/180;
    tt1=15*(td-12)*math.pi/180;
for i in range(19):
t1=math.tan(math.asin(math.sin(wd)*math.sin(k)+math.cos(wd)*math.cos(k)*math.cos(tt1[i])));

t2=math.tan(math.asin(math.sin(wd)*math.sin(k)+math.cos(wd)*math.cos(k)*math.cos(tt1[i+
1])));
    err[i]=np.abs(t1/t2-l[i+1]/l[i]);
    return sum(abs(err))
res=minimize(obj,[116,20],bounds=[(-180,180),(-90,90)])
print(res)#输出结果
```

由于Python软件中没有余切函数，故采用正切函数的倒数形式进行转化计算。

运行上述程序，可以得到具体结果显示如下：

fun: 0.00096021174573768242

hess_inv: <2x2 LbfgsInvHessProduct with dtype=float64>

jac: array([0.00057951, 0.00086684])

message: b'CONVERGENCE:REL_REDUCTION_OF_F_<=_FACTR
*EPSMCH'

nfev: 177

nit: 14

status: 0

success: True

x: array([108.72790009, 19.27231037])

模型运算的结果显示，直杆定位的经纬度位置为北纬108.7279°，东经19.2723°。此时，直杆的影子长度信息与测量获得的影子长度数据最为接近。

感兴趣的读者可尝试进一步完成2015年全国大学生数学建模竞赛A题的其他内容。

2.5　天眼调整的非线性规划模型案例

中国天眼——500米口径球面射电望远镜（Five-hundred-meter Aperture Spherical radio Telescope，FAST），是我国具有自主知识产权的目前世界上单口径最大、灵敏度最高的射电望远镜。它的落成启用对我国在科学前沿实现重大原创突破、加快创新驱动发展具有重要意义。

FAST由主动反射面、信号接收系统（馈源舱）以及相关的控制、测量和支承系统组成（如图2-6所示），其中主动反射面系统是由主索网、反射面板、下拉索、促动器及支承结构等主要部件构成的一个可调节球面。主索网由柔性主索按照短程线三角网格方式构成，用于支承反射面板（含背架结构），每个三角网格上安装一块反射面板，整个索网固定在周边支承结构上，如图2-7所示。每个主索节点连接一根下拉索，下拉索下端与固定在地表的促动器连接，实现对主索网的形态控制。反射面板间有一定缝隙，能够确保反射面板在变位时不会被挤压、拉扯而变形。索网整体结构、反射面板及其连接示意图如图2-8所示。

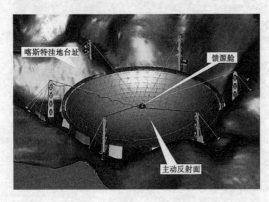

图2-6　FAST三维示意图

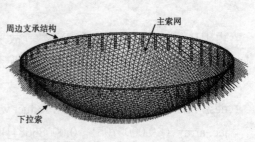

图2-7　整体索网结构

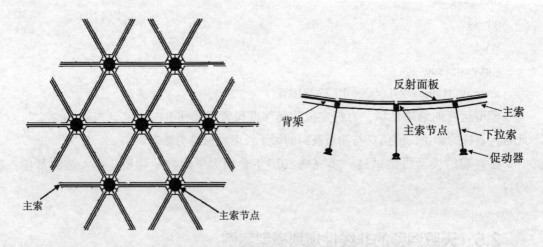

图2-8　反射面板、索网整体结构及其连接示意

主动反射面可分为两个状态：基准态和工作态。基准态时反射面为半径约300米、口径为500米的球面（基准球面）；工作态时反射面的形状被调节为一个300米口径的

近似旋转抛物面（工作抛物面）。图2-9是FAST在观测时的剖面示意图，C点是基准球面的球心，馈源舱接收平面的中心只能在与基准球面同心的一个球面（焦面）上移动，两同心球面的半径差为$F=0.466R$（其中R为基准球面半径，称F/R为焦径比）。馈源舱接收信号的有效区域为直径1米的中心圆盘。当FAST观测某个方向的天体目标S时，馈源舱接收平面的中心被移动到直线SC与焦面的交点P处，调节基准球面上的部分反射面板形成以直线SC为对称轴、以P为焦点的近似旋转抛物面，从而将来自目标天体的平行电磁波反射汇聚到馈源舱的有效区域。

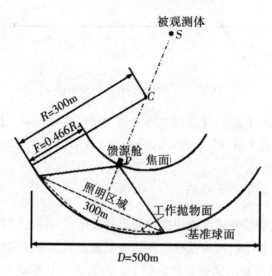

图2-9 FAST剖面示意图

将反射面调节为工作抛物面是主动反射面技术的关键，该过程通过下拉索与促动器配合完成。下拉索长度固定。促动器沿基准球面径向安装，其底端固定在地面，顶端可沿基准球面径向伸缩来完成下拉索的调节，从而调节反射面板的位置，最终形成工作抛物面。要解决的问题是：在反射面板调节约束下，确定一个理想抛物面，然后通过调节促动器的径向伸缩量，将反射面调节为工作抛物面，使得该工作抛物面尽量贴近理想抛物面，以获得天体电磁波经反射面反射后的最佳接收效果。当待观测天体S位于基准球面正上方，即$\alpha=0°$，$\beta=90°$时，结合考虑反射面板调节因素，确定理想抛物面。天体的方向角和仰角之间的关系如图2-10所示。

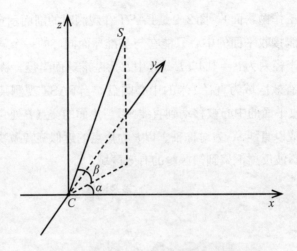

图2-10 天体方向角与仰角示意

说明 本例题来源于2021年全国大学生数学建模竞赛A题，相关附件数据可以在官网历年赛题栏目进行下载（http://www.mcm.edu.cn）。

问题分析

本题要求建立数学模型确定理想抛物面，其关键点为确定"理想"的标准。分析其工作原理可知，理想抛物面由基准球面演变而成，通过下拉索牵引主索节点进行调整得到。因此，在满足基本调整条件基础上，抛物面与基准球面贴近程度越高越好。显然，这是一个典型的最优化问题！由于抛物面的焦点固定于焦面与球心、观测天体连线的交点，故抛物面只需确定唯一的参数，即理想抛物面的焦距。按照题目所给条件将决策变量、目标函数和约束条件用数学符号及公式表示出来，就可以得到相应的数学模型。

模型假设

1. 所有主索节点只沿径向进行调节。
2. 促动器伸缩沿基准球面径向趋向球心方向为正向。假设基准状态下，促动器顶端径向伸缩量为0，其径向伸缩范围为−0.6～0.6米。

模型设计

按照优化模型三要素（决策变量、目标函数、约束条件）建立数学模型。衡量工作抛物面与基准球面贴近程度时，可将两个三维曲面（抛物面、球面）进行比较。此时，这是一个连续优化问题，计算复杂度较高。为降低计算复杂度，仅考虑基准球面中主索节点调整量。以主索节点的径向调整量作为衡量贴近程度的标准，从而将连续优化问题转化为离散优化问题。

首先，需要确定照明区域的主索节点编号，即需要进行调整的主索节点编号。记编号为 m 的主索节点在基准球面的坐标为 (x_m, y_m, z_m)。由于题目要求抛物面的口径为300米，故若主索节点坐标满足如下条件，则说明该节点属于照明区域，即属于需要调整的主索节点：

$$x_m^2 + y_m^2 \leqslant 150^2$$

将原始附件数据代入上述不等式进行筛选，最终得到706个主索节点坐标符合上述不等式，并将它们按照 $1, 2, \cdots, 706$ 顺序进行编号后存储于Excel，以便软件求解时调用。

然后，选取决策变量为需调整主索节点的径向调节量，即编号为 m 的主索节点径向调整量为 p_m。由于沿着径向进行调整，调整过程中方向角度和仰角不发生变化。因此，可以构建相似三角形得到调整前后主索节点的坐标满足如下关系：

$$
\begin{cases}
x_m' = x_m - \dfrac{p_m \times x_m}{\sqrt{x_m^2 + y_m^2 + z_m^2}} \\[2mm]
y_m' = y_m - \dfrac{p_m \times y_m}{\sqrt{x_m^2 + y_m^2 + z_m^2}}, & m = 1, 2, \cdots, 706 \\[2mm]
z_m' = z_m - \dfrac{p_m \times z_m}{\sqrt{x_m^2 + y_m^2 + z_m^2}}
\end{cases}
$$

其中，点 (x_m', y_m', z_m') 表示编号为 m 的主索节点调整后的坐标位置，而点 (x_m, y_m, z_m) 表示编号为 m 的主索节点调整前的坐标位置。

选取目标函数为理想抛物面与基准球面的贴近程度越高越好。通过问题分析，将该目标函数转化为主索节点的径向调整量越小越好，即调整量最大的主索节点调整量越小越好！因此，目标函数可以表示如下：

$$\min_m \max_m |p_m|$$

当确立目标函数后，决策变量取值范围还需满足如下要求：

由于待观测天体 S 位于基准球面正上方，即 $\alpha = 0°$，$\beta = 90°$，理想抛物面方程可表达如下：

$$x^2 + y^2 = 4f \times R \times (z + R - 0.466R + f \times R)$$

其中，参数 f 表示抛物面的焦径比，R 表示球面半径。

由于调整后的节点都位于理想抛物面上，故可得到如下等式：

$$(x_m')^2 + (y_m')^2 = 4f \times R \times (z_m' + R - 0.466R + f \times R), m = 1, 2, \cdots, 706$$

此外，每个主索节点的调整量必须在 $-0.6 \sim 0.6$ 米，可以表达如下：

$$-0.6 \leqslant p_m \leqslant 0.6, \ m=1,2,\cdots,706$$

综上所述，得到理想抛物面设计的非线性规划模型如下：

$$\min_m \max |p_m|$$

$$\text{s.t.} \begin{cases} (x_m')^2 + (y_m')^2 = 4f \times R(z_m' + R - 0.466R + f \times R) \\ -0.6 \leqslant p_m \leqslant 0.6 \\ x_m' = x_m - \dfrac{p_m \times x_m}{\sqrt{x_m^2 + y_m^2 + z_m^2}} \\ y_m' = y_m - \dfrac{p_m \times y_m}{\sqrt{x_m^2 + y_m^2 + z_m^2}}, \ m=1,2,\cdots,706 \\ z_m' = z_m - \dfrac{p_m \times z_m}{\sqrt{x_m^2 + y_m^2 + z_m^2}} \end{cases}$$

模型求解

采用建模化语言在LINGO软件中输入如下代码。在程序中定义集合段、数据段、初始段、目标函数以及约束条件段。LINGO软件@ole函数可以从Excel软件中读取数据，它是基于传输的OLE技术。OLE传输可直接在内存中传输数据，并不需借助中间文件。当使用@ole时，LINGO软件先装载Excel，再通知Excel装载指定的电子数据表，最后从电子数据表中获得数据。函数调用方式如下：$name=@ole(\text{'}path\text{'},\text{'}name\text{'})$。其中，$path$ 是调用文件的存储地址，这个可以在该文件的属性内找到其路径。

LINGO 代码

```
!定义集合段;
sets:
tz/1..706/:x;!决策变量(每个主索节点的伸缩量);
co/1..3/;
zb(tz,co):d;!每个主索节点的三维坐标;
endsets
!定义数据段;
data:
!通过 OLE 从 EXCEL 中读取数据,其中"C:\Users\Desktop\data.xlsx"表示数据路径,data 表示数据名;
d=@ole('C:\Users\Desktop\data.xlsx','data');
R=300;
enddata
```

```
!定义初始段,焦距初始迭代值;
init:
f=0.466;
endinit
@for(tz(i):@free(x(i)));
!定义目标函数;
min=@max(tz(i):@abs(x(i)));
!定义调整后的主索节点位于理想抛物面上;
@for(tz(i):@sqr(d(i,1)-x(i)*d(i,1)/(@sqrt(@sqr(d(i,1))+@sqr(d(i,2))+@sqr(d(i,3)))))+@sqr
(d(i,2)-x(i)*d(i,2)/(@sqrt(@sqr(d(i,1))+@sqr(d(i,2))+@sqr(d(i,3)))))=4*f*R*(d(i,3)-x(i)
*d(i,3)/(@sqrt(@sqr(d(i,1))+@sqr(d(i,2))+@sqr(d(i,3))))+R-0.466*R+f*R));
!定义主索节点调整量的约束;
@for(tz(i):x(i)>=-0.6);
@for(tz(i):x(i)<=0.6);
```

在选择全局优化求解器后运行如上程序,将显示求解状态如图2-11所示。

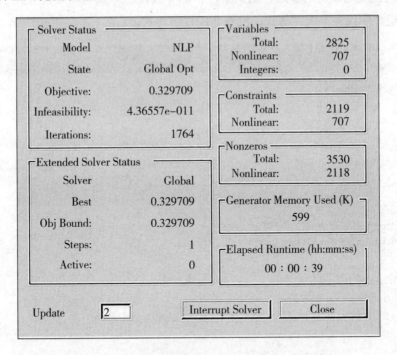

图2-11　FAST理想抛物面设计问题LINGO求解状态

图2-11显示:模型类型属于NLP(非线性规划模型),目标函数值的状态为Global Opt(全局最优解),目标函数于1764次迭代后收敛于最优值0.329709,即径向调整量最大的节点调整0.329709m。由于模型涉及的变量非常多,故不在此处粘贴软件运行的完整结果。感兴趣的读者可以自行验证程序查看结果。

整理结果可得到706个主索节点的径向调整量。调整后的理想抛物面方程如下所示：

$$x^2 + y^2 = 562.0610(z + 300.7153)$$

调用MATLAB软件fmincon函数命令求解理想抛物面设计的非线性规划模型可以分为三个步骤。首先，在MATLAB软件的Command Window中输入"edit"，在弹出的文本文件中定义非线性规划模型的目标函数。

MATLAB代码

```
function y=obj(x)
y=max(abs(x(1:end−1)));
```

输入目标函数完成后，将文件保存在当前路径下。文件必须以函数名进行命名，如"obj.m"。

然后，在MATLAB软件的Command Window中输入"edit"，在弹出的文本文件中定义非线性规划模型的非线性约束条件，即非线性不等式与非线性等式。在理想抛物面调整模型中仅有非线性等式，没有非线性不等式。

MATLAB代码

```
function [g,ceq]=subto(x)
global d
g=[];
R=300.4;
%确定调整后的主索节点坐标
for i=1:length(d)
    X(i)=d(i,1)−x(i)*d(i,1)/sqrt(sum(d(i,:).^2));
    Y(i)=d(i,2)−x(i)*d(i,2)/sqrt(sum(d(i,:).^2));
    Z(i)=d(i,3)−x(i)*d(i,3)/sqrt(sum(d(i,:).^2));
end
%确定主索节点在理想抛物面上
for i=1:length(d)
    ceq(i)=X(i)^2+Y(i)^2−4*x(end)*R*(Z(i)+R−0.466*R+x(end)*R);
end
```

其中，代码中的语句"global d"表示该变量为全局变量，存载需要调整的706个主索节点的三维坐标数据，保存在data.xlsx。输入约束条件后将文件保存在当前运行路径下。文件必须以函数名命名，如"subto.m"。

最后，在MATLAB软件的Command Window中输入如下程序：

MATLAB代码

```
[d,~]=xlsread('data.xlsx');%文件data.xlsx表示三维坐标数据，一定要存放在当前路径下
VUB=[0.6*ones(1,706),1];%确定主索节点调整上限
VLB=[-0.6*ones(1,706),0]; %确定主索节点调整下限
x0=[zeros(1,706),0.466]; %确定迭代初始值
opts = optimset('Display','iter','Algorithm','interior-point', 'MaxIter', 10000, 'MaxFunEvals', 10000);
[x,fval]=fmincon('obj',x0,[],[],[],[],VLB,VUB,'subto',opts)
```

其中，向量x0中前706个元素表示每个主索节点径向调整量，最后一个元素表示理想抛物面的焦径比。

运行上述代码，具体结果显示如下：

Iter	F-count	f(x)	Feasibility	First-order optimality	Norm of step
0	708	0.000000e+00	4.171e+02	6.116e-01	
1	1416	5.970000e-01	1.372e+02	2.888e+00	8.601e+00
2	2124	5.999850e-01	4.575e+01	3.240e+00	2.515e+00
3	2832	5.981952e-01	1.103e-03	3.402e+00	1.360e+00
4	3540	5.894680e-01	3.436e-05	3.372e+00	2.480e-01
5	4248	5.576223e-01	3.143e-04	3.262e+00	9.050e-01
6	4956	5.017935e-01	8.796e-04	3.070e+00	1.587e+00
7	5664	4.236049e-01	1.707e-03	1.578e+00	2.222e+00
8	6372	4.271930e-01	1.134e-05	1.010e-01	1.019e-01
9	7080	4.260168e-01	2.741e-06	2.028e-02	3.343e-02
10	7788	4.187492e-01	3.155e-05	2.518e-03	2.065e-01
11	8497	3.394595e-01	1.985e-03	1.000e+00	2.448e+00
12	9208	3.377749e-01	1.742e-03	5.555e-03	1.472e-01
13	9916	3.362293e-01	6.351e-06	1.000e+00	6.141e-02
14	10626	3.359697e-01	4.539e-06	3.989e-01	1.007e-02

Solver stopped prematurely.

fmincon stopped because it exceeded the function evaluation limit,

options.MaxFunEvals = 10000（the selected value）.

由于上述模型涉及的变量较多，故不在此处粘贴软件运行的完整结果。整理结果后，可得到706个主索节点的径向调整量以及理想抛物面的焦径比。经检验，所有调整量都处于允许范围，是一种合理可行的调整方案。调整后的理想抛物面方程如下所示：

$$x^2 + y^2 = 560.5421(z + 300.3355)$$

最后，调用Python软件scipy.optimize模块中minimize函数，也可以用于求解非线性规划模型的最小值，程序代码如下：

Python代码

```python
import numpy as np
from scipy.optimize import minimize
import pandas as pd
#读取主索节点三维坐标数据
data1=pd.read_excel('data.xlsx',header=None)
global data
data=np.array(data1)
#定义目标函数
def obj(x):
    temp=x[0:706];
    return max(abs(temp))
cons=[]
#定义约束条件
def subto(x):
    temp=x[0:706];
    cons1=[];
f=x[706];
#计算调整后的主索节点位置
    for t in range(706):
temp1=data[t,0]-
temp[t]*data[t,0]/(data[t,0]**2+data[t,1]**2+data[t,2]**2)**.5;
temp2=data[t,1]-
temp[t]*data[t,1]/(data[t,0]**2+data[t,1]**2+data[t,2]**2)**.5;
temp3=data[t,2]-
temp[t]*data[t,2]/(data[t,0]**2+data[t,1]**2+data[t,2]**2)**.5;
        R=300;
        cons1.append(temp1**2+temp2**2-4*R*f*(temp3+R-0.466*R+f*R));
        return cons1
cons.append({'type':'eq','fun':subto})
x0=[];
bound=[]
#循环生成主索节点伸缩量的初始值以及取值范围
for i in range(706):
    x0.append(0);
    bound.append([-0.6,0.6]);
```

```
x0.append(0.466);
bound.append([0,1]);
res=minimize(obj,x0,bounds=bound,constraints=cons)
print(res)#输出结果
```

运行上述程序，具体信息显示如下：

message: 'Optimization terminated successfully'

nfev: 7124

nit: 10

njev: 10

status: 0

success: True

由于上述模型涉及的变量较多，故不在此处粘贴软件运行的完整结果。整理结果后，可得到706个主索节点的径向调整量以及理想抛物面的焦径比。经检验，所有调整量都处于允许范围，是一种合理可行的调整方案。调整后的理想抛物面方程如下所示：

$$x^2 + y^2 = 560.8(z + 300.4)$$

请读者思考在此基础上如何进一步调整使得主索节点调节后，相邻节点之间的距离变化幅度不超过 0.07%。

感兴趣的读者可以尝试进一步完成2021年全国大学生数学建模竞赛A题的其他内容。

本章小结

读者可以延续第1章线性规划模型建模方法，即通过确定决策变量、目标函数、约束条件建立非线性规划模型。但有别于求解线性规划模型最优解，求解非线性规划模型最优解非常困难，即便采用软件计算非线性规划模型所得的最优解也往往仅是局部最优解。本章重点学习LINGO软件的建模化语言。注意，并非所有非线性规划模型都可借助LINGO软件求解，但LINGO软件确实为求解非线性规划模型带来了极大便利。此外，MATLAB软件以及Python软件都有函数命令可求解非线性规划模型，读者需要掌握如何在软件中输入目标函数以及约束条件。两种软件掌握其中一种即可！

习 题

1. 编程求解以下非线性规划模型（程序语言类型不作要求）。

$$\min f = x_1^2(x_2+2)x_3$$

$$\max z = 2x_1 + 3x_1^2 + 3x_2 + x_2^2 + x_3$$

$$\text{s.t.} \begin{cases} x_1 + 2x_1^2 + x_2 + 2x_2^2 + x_3 \leqslant 10 \\ x_1 + x_1^2 + x_2 + x_2^2 - x_3 \leqslant 50 \\ 2x_1 + x_1^2 + 2x_2 + x_3 \leqslant 40 \\ x_1^2 + x_3 = 2 \\ x_1 + 2x_2 \geqslant 1 \\ x_1 \geqslant 0 \end{cases}$$

$$\text{s.t.} \begin{cases} 350 - 163x_1^{-2.86}x_3^{0.86} \leqslant 0 \\ 10 - 4\times10^{-3}x_1^{-4}x_2x_3^3 \leqslant 0 \\ x_1(x_2+1.5) + 4.4\times10^{-3}x_1^{-4}x_2x_3^3 - 3.7x_3 \leqslant 0 \\ 375 - 3.56\times10^5 x_1 x_2^{-1}x_3^{-2} \leqslant 0 \\ 4 - \dfrac{x_3}{x_1} \leqslant 0 \\ 1 \leqslant x_1 \leqslant 4 \\ 4.5 \leqslant x_2 \leqslant 50 \\ 10 \leqslant x_3 \leqslant 30 \end{cases}$$

2. 在约 10000m 高空的某边长为 160km 的正方形区域内，经常有若干架飞机水平飞行，区域内每架飞机的位置和速度向量均由计算机记录其数据，以便进行飞行管理。当一架欲进入该区域的飞机到达区域边缘时，计算机记录其数据后，要立即计算并判断该飞机是否会与区域内的其他飞机发生碰撞。如果会碰撞，则应计算如何调整各架飞机飞行的方向角，以避免碰撞。现假设条件如下：

（1）不碰撞的标准为任意两架飞机间的距离大于 8km；

（2）飞机飞行方向角调整的幅度不应超过 30°；

（3）所有飞机飞行速度均为每小时 800km；

（4）进入该区域飞机在到达区域边缘时，与区域内飞机的距离应在 60km 以上；

（5）最多考虑 6 架飞机。

请针对这个避免碰撞的飞行管理问题建立数学模型。列出计算步骤，对以下数据进行计算（方向角误差不超过 0.01°），要求飞机飞行方向角调整的幅度尽量小。（注：方向角指飞行方向与 x 轴正向的夹角。）

设区域 4 个顶点坐标为 (0, 0)，(160, 0)，(160, 160)，(0, 160)。记录数据如表 2-3 所示。

表2-3　数据记录表

飞机编号	横坐标x	纵坐标y	方向角
1	150	140	243°
2	85	85	236°
3	150	155	220.5°
4	145	50	159°
5	130	150	230°
新进入	0	0	52°

3. 近浅海观测网的传输节点由浮标系统、系泊系统和水声通讯系统组成（如图2-12所示）。某型传输节点的浮标系统可简化为底面直径2m、高2m的圆柱体，浮标的质量为1000kg。系泊系统由钢管、钢桶、重物球、电焊锚链和特制的抗拖移锚组成。锚的质量为600kg，锚链选用无档普通链环，近浅海观测网的常用型号及其参数在表2-4中给出。钢管共4节，每节长度为1m，直径为50mm，每节钢管的质量为10 kg。要求锚链末端与锚的连接处的切线方向与海床的夹角不超过16°，否则，锚就会被拖行，致使节点移位丢失。水声通讯系统安装在一个长1m、外径30cm的密封圆柱形钢桶内，设备和钢桶总质量为100 kg。钢桶上接第4节钢管，下接电焊锚链。钢桶竖直时，水声通讯系统的工作效果最佳。若钢桶倾斜，则影响设备的工作效果。钢桶的倾斜角度（钢桶与竖直线的夹角）超过5°时，设备的工作效果较差。为控制钢桶的倾斜角度，钢桶与电焊锚链连接处可悬挂重物球。

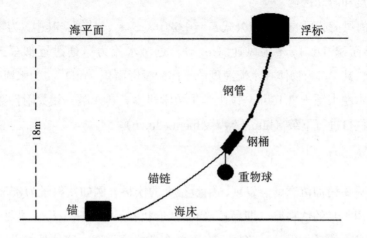

图2-12　传输节点示意图（仅为结构模块示意图，未考虑尺寸比例）

表2-4　锚链型号和参数表

型号	长度/mm	单位长度的质量/(kg/m)
I	78	3.2
II	105	7
III	120	12.5
IV	150	19.5
V	180	28.12

表注：长度是指每节链环的长度。

系泊系统的设计问题就是确定锚链的型号、长度和重物球的质量，使得浮标的吃水深度和游动区域及钢桶的倾斜角度尽可能小。

（1）某型传输节点选用 II 型电焊锚链 22.05m，选用重物球的质量为 1200 kg。现将该型传输节点布放在水深 18m、海床平坦、海水密度为 $1.025 \times 10^3 \text{kg/m}^3$ 的海域。若海水静止，分别计算海面风速为 12m/s 和 24m/s 时钢桶和各节钢管的倾斜角度、锚链形状、浮标的吃水深度和游动区域。

（2）在（1）的假设下，计算海面风速为 36 m/s 时钢桶和各节钢管的倾斜角度、锚链形状和浮标的游动区域。请调节重物球的质量，使得钢桶的倾斜角度不超过 5°，锚链在锚点与海床的夹角不超过 16°。

（3）由于潮汐等因素的影响，布放海域的实测水深介于 16m 和 20m 之间。布放点的海水速度最大可达到 1.5 m/s、风速最大可达到 36 m/s。请给出考虑风力、水流力和水深情况下的系泊系统设计，分析不同情况下钢桶、钢管的倾斜角度、锚链形状、浮标的吃水深度和游动区域。

注　近海风荷载可通过近似公式 $F = 0.625 \times S \times v^2$ 计算，其中 S 为物体在风向法平面的投影面积（m^2），v 为风速（m/s）。近海水流力可通过近似公式 $F = 374 \times S \times v^2$ 计算，其中 S 为物体在水流速度法平面的投影面积（m^2），v 为水流速度（m/s）。

说明　本题来源于 2016 年全国大学生数学建模竞赛 A 题，相关附件数据可以在官网历年赛题栏目进行下载（http://www.mcm.edu.cn）。

4. 我们只要稍加留意就会发现，销量很大的饮料（例如饮料量为 355mL 的可口可乐、青岛啤酒等）的饮料罐（即易拉罐），其形状和尺寸几乎一样。可见这并非偶然，应是某种意义下的最优设计。当然，对于单个易拉罐而言，这种最优设计可以节省的钱可能很有限，但是生产几亿个，甚至几十亿个易拉罐，可以节约的钱的数额就非常可观!

现在请你们小组来研究易拉罐的形状和尺寸的最优设计问题。具体来说，请你们完成以下的任务:

（1）取一个饮料量为355mL的易拉罐，例如355mL的可口可乐饮料罐，测量你们认为验证模型所需要的数据，例如易拉罐各部分的直径、高度，厚度等，并把数据列表加以说明；如果数据不是你们自己测量得到的，那么你们必须注明出处。

（2）设易拉罐是一个正圆柱体。什么是它的最优设计？其结果是否可以合理地说明你们所测量的易拉罐的形状和尺寸，例如，半径和高之比等。

（3）设易拉罐的中心纵断面如图2-13所示，即上面部分是一个正圆台，下面部分是一个正圆柱体。什么是它的最优设计？其结果是否可以合理地说明你们所测量的易拉罐的形状和尺寸。

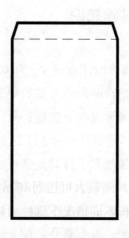

图2-13 易拉罐的中心纵断面

（4）利用你们对所测量的易拉罐的洞察和想象力，做出你们自己的关于易拉罐形状和尺寸的最优设计。

说明 本题来源于2006年全国大学生数学建模竞赛C题，相关附件数据可以在官网历年赛题栏目进行下载（http://www.mcm.edu.cn）。

第3章 整数规划模型

本章学习要点

1. 理解0—1规划模型的数学思想，掌握其建模方法；
2. 掌握使用LINGO软件求解整数规划模型的方法；
3. 掌握用MATLAB软件或Python软件求解整数线性规划模型的方法。

3.1 整数规划模型的基础知识

在许多规划模型中，变量取整数时才有意义，例如不可分解产品的数目，如汽车、房屋、飞机等，或只能用整数来记数的对象。整数规划模型分为两类：一类为纯整数规划模型，该模型要求问题中全部变量都取整数；另一类是混合整数规划模型，该模型某些决策变量只能取整数，而其他变量则为连续变量。就整数规划模型的定义而言，决策变量类型转变所带来的最大挑战源于计算复杂度的增加。从严格意义上而言，整数规划模型属于非线性规划模型（不符合线性规划模型的连续性要求），求解全局较优解才是最大的挑战！第2章着重讲解了非线性目标函数或者非线性约束条件，而决策变量为连续取值的非线性规划模型。本章将介绍部分或全部决策变量为离散取值的非线性规划模型。相较于传统连续决策变量的非线性规划模型，当决策变量取整数时，寻优计算工作显得更加困难。

目前，常见的整数规划算法有分支定界法、割平面法、蒙特卡洛法等。但没有一种通用方法可以有效地求解一切整数规划模型。此外，当决策变量取值被限定为0或1时，所建立的整数规划模型被称为0—1规划模型。0—1规划模型在整数规划模型中占有极其重要的地位，有着极为广泛的应用。许多实际问题都可建立0—1规划模型进行求解。此外，任何涉及决策变量有界的整数规划问题都可以转化为0—1规划模型。因此，不少学者致力于研究0—1规划模型的有效求解方法。目前，常见的0—1规划算法包括隐枚举法、匈牙利算法等。

下面介绍0—1规划模型的一种应用场景，即指派问题。指派问题是0—1规划模型最为常见的应用类型之一。许多实际应用问题可以归结为如下形式：将不同的任务分派给若干人员完成。由于任务的难易程度以及人员的素质高低各不相同，因此每个人完成不同任务的效率存在差异。于是，如何分派人员完成各种任务才能使得总体工作效率最高成为一项值得研究的课题。这类问题通常被称为指派问题。标准指派问题可以描述如下：拟指派 N 个人 $A_1, A_2, \cdots, A_N$ 去完成 M 项不同的任务 $B_1, B_2, \cdots, B_M, N \geqslant M$。要求每项工作必须且仅需一个人去完成，而每个人的能力至多能完成上述各项任务中的一项任务。已知派遣 A_n 完成工作 B_m 的效率为 c_{nm}，建立模型确定具体指派方式使整体工作效率最高。

首先，引入 $0-1$ 决策矩阵 $X=(x_{nm})_{N \times M}$，其元素取值含义如下所示：

$$x_{nm}=\begin{cases}1, \text{指派} A_n \text{去完成工作} B_m \\ 0, \text{不指派} A_n \text{去完成工作} B_m\end{cases}, n=1,2,\cdots,N; m=1,2,\cdots,M$$

然后，按照如上指派方式可确定工作总效率为如下目标函数：

$$\max \sum_{n=1}^{N} \sum_{m=1}^{M} c_{nm} x_{nm}$$

在确立目标函数后，决策变量取值范围还需满足如下要求：

- 要求每项工作都必须由一位成员完成。因此

$$\sum_{n=1}^{N} x_{nm}=1, m=1,2,\cdots,M$$

每个成员的能力至多能完成一项任务。因此

$$\sum_{m=1}^{M} x_{nm} \leqslant 1, n=1,2,\cdots,N$$

因此，标准指派数学模型可以表示如下：

$$\max \sum_{n=1}^{N} \sum_{m=1}^{M} c_{nm} x_{nm}$$

$$\text{s.t.} \begin{cases} \sum_{m=1}^{M} x_{nm} \leqslant 1, n=1,2,\cdots,N \\ \sum_{n=1}^{N} x_{nm}=1, m=1,2,\cdots,M \\ x_{nm} \in \{0,1\} \end{cases}$$

指派问题的数学模型可以采用分支定界或者隐枚举法进行求解。但由于标准指派模型的特殊结构，美国数学家 H. W. Kuhn 根据匈牙利数学家关于矩阵的独立零元素定理，提出了求解标准指派模型的有效算法，即匈牙利算法。

由于可依据第 2.2 节所介绍的 LINGO 建模化语言求解整数规划模型，而 MATLAB 软件以及 Python 软件并没有求解一般整数规划模型的通用函数命令，故本章不设立小节介绍整数规划模型的软件求解方法。对于整数规划模型的理论求解方法，读者可以参考运筹学书籍的相关内容。

下面将结合具体案例介绍整数规划模型的软件实现方法。

3.2 最佳组队的整数规划模型案例

某班准备从5名游泳队员中选择4名组成接力队，参加学校的4×100 m混合泳接力比赛。5名队员4种泳姿的百米训练成绩统计如表3-1所示，请建立数学模型，确定如何选拔队员组成接力队。

表3-1 运动员训练成绩表

泳姿	甲	乙	丙	丁	戊
蝶泳	1'06"8	57"2	1'18"	1'10"	1'07"4
仰泳	1'15"6	1'06"	1'07"8	1'14"2	1'11"
蛙泳	1'27"	1'06"4	1'24"6	1'09"6	1'23"8
自由泳	58"6	53"	59"4	57"2	1'02"4

问题分析

通过解读题目可知，需要从5名队员中选出4名组成接力队，每人一种泳姿且每人的泳姿各不相同，使得接力队的最终成绩最好，即总时间最少。这是一个标准的指派问题。容易想到的一个办法是穷举法，组成接力队的方案共有5!＝120种，逐一计算并作比较便可找到最优方案。显然，这不是解决这类问题的好办法。随着问题规模变大，穷举法的计算量令人无法接受。首先，需要建立最优组队的数学模型，可用0—1变量表示队员是否入选相应的接力项目，从而建立此问题的0—1规划模型。按照题目所给条件将决策变量、目标函数和约束条件用数学符号及公式表示出来，就可以得到相应的数学模型。

模型设计

记甲、乙、丙、丁、戊分别为队员$n=1,2,3,4,5$；记蝶泳、仰泳、蛙泳、自由泳分别为泳姿$m=1,2,3,4$。记队员n第m种泳姿的百米最好成绩为c_{nm}。将成绩转化为以秒为单位，如表3-2所示。

表3-2　运动员训练成绩表

单位：s

c_{nm}	$m=1$	$m=2$	$m=3$	$m=4$
$n=1$	66.8	75.6	87	58.6
$n=2$	57.2	66	66.4	53
$n=3$	78	67.8	84.6	59.4
$n=4$	70	74.2	69.6	57.2
$n=5$	67.4	71	83.8	62.4

引入0—1决策矩阵$\boldsymbol{X}=(x_{nm})_{5\times4}$，其元素取值及其含义如下所示：

$$x_{nm}=\begin{cases}1, & \text{选择队员}n\text{参加泳姿}m\text{的比赛}\\0, & \text{不选择队员}n\text{参加泳姿}m\text{的比赛}\end{cases}, n=1,2,\cdots,5; m=1,2,3,4$$

结合0—1变量含义，当队员n入选泳姿m时，$c_{nm}x_{nm}$表示该队员在该项目的成绩；否则，$c_{nm}x_{nm}=0$。于是，接力队的总成绩可以表示为$\sum_{m=1}^{4}\sum_{n=1}^{5}c_{nm}x_{nm}$。因此，优化模型的目标函数可以表示为

$$\min\sum_{m=1}^{4}\sum_{n=1}^{5}c_{nm}x_{nm}$$

在确立目标函数后，决策变量取值范围还需满足如下要求：

- 每人最多只能入选4种泳姿之一，即

$$\sum_{m=1}^{4}x_{nm}\leqslant1, n=1,2,3,4,5$$

- 每种泳姿必须有1人而且只能有1人入选：

$$\sum_{n=1}^{5}x_{nm}=1, m=1,2,3,4$$

综上所述，所建立最优组队问题的整数优化模型如下所示：

$$\min\sum_{m=1}^{4}\sum_{n=1}^{5}c_{nm}x_{nm}$$

$$\text{s.t.}\begin{cases}\sum_{m=1}^{4}x_{nm}\leqslant1, n=1,2,3,4,5\\\sum_{n=1}^{5}x_{nm}=1, m=1,2,3,4\\x_{nm}\in\{0,1\}\end{cases}$$

程序设计

采用建模化语言在LINGO软件中输入如下代码。在下述程序中定义集合段、数

据段、目标函数与约束条件段。在集合段定义三种类型的变量，5×4的向量分别记录运动员的成绩以及决策变量。在后续调用求和函数@sum和循环函数@for输入目标函数以及约束条件。

LINGO代码

```
!定义集合段;
sets:
per/1..5/:;
pro/1..4/:;
fp(per,pro):c,x;
endsets
!定义数据段,输入成绩;
data:
c=66.8 75.6 87 58.6
57.2 66 66.4 53
78 67.8 84.6 59.4
70 74.2 69.6 57.2
67.4 71 83.8 62.4;
Enddata
!定义目标函数;
min=@sum(fp:c*x);
!定义约束条件;
@for(per(i):@sum(pro(j):x(i,j))<=1);
@for(pro(j):@sum(per(i):x(i,j))=1);
@for(fp:@bin(x));
```

注意 上述代码中@bin（x）函数表示所求解变量为二进制变量，即0—1变量。在选择全局优化求解器后运行如上程序，显示求解状态如图3-1所示。

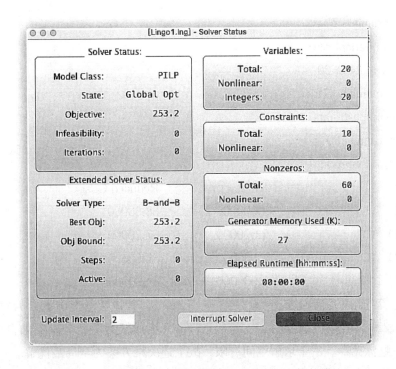

图3-1 最优组队问题LINGO求解状态

图3-1显示：模型类型属于PILP（纯整数线性规划模型），即目标函数与约束条件满足比例性与可加性，决策变量全部为整数变量。目标函数值的状态为Global Opt（全局最优解），目标函数最优值为253.2秒，迭代次数为0。

注意 由于本模型决策变量为整数，严格意义上不能称之为线性规划模型。但许多文献将目标函数与约束条件满足可加性与比例性的整数优化模型称为整数线性规划模型。对于纯整数线性规划模型而言，往往可以采用软件求得其全局最优解。

模型运算的具体结果显示在Solution Report。由于运行LINGO软件时涉及中间变量较多和零值决策变量较多，故不在此处粘贴软件运行的完整结果。读者可以在LINGO软件菜单栏Solver中选择Solution，在弹出页面中选择非零决策变量进行展示。

Global optimal solution found.

Objective value: 253.2000

Objective bound: 253.2000

Infeasibilities: 0.000000

Extended solver steps: 0

Total solver iterations: 0

Elapsed runtime seconds: 0.02

Model Class: PILP

Total variables: 20

Nonlinear variables: 0

Integer variables: 20

Total constraints: 10

Nonlinear constraints: 0

Total nonzeros: 60

Nonlinear nonzeros: 0

Variable	Value	Reduced Cost
X(1,4)	1.000000	58.60000
X(2,1)	1.000000	57.20000
X(3,2)	1.000000	67.80000
X(4,3)	1.000000	69.60000

模型运算的结果显示：$x_{14}=x_{21}=x_{32}=x_{43}=1$，其他变量为0时，游泳队成绩最好，即253.2秒，所以应选派甲、乙、丙、丁4人组成接力队，分别参加自由泳、蝶泳、仰泳、蛙泳比赛。由于求解空间有限，故上述决策方案为全局最优解。

在处理整数规划模型时，MATLAB软件、Python软件不具有LINGO软件那样的优势。MATLAB软件没有通用函数命令或者工具箱可以有效地求解一切整数规划模型。目前，针对目标函数以及约束条件满足线性关系的整数规划模型（包括纯整数线性规划模型、混合整数线性规划模型）可以调用intlinprog函数命令进行求解，而对于整数非线性规划模型则需编写分支定界、割平面法等经典算法或者编写启发式算法进行求解。MATLAB软件intlinprog函数调用方式与求解线性规划模型linprog函数调用方式非常相似：$[x,fval]=intlinprog(f,intcon,A,b,Aeq,beq,lb,ub)$。其中，$x$表示决策变量的最优解矩阵，$fval$表示目标函数的最优值。函数的其他参数意义如下：

$$\min f^{\mathrm{T}} \times x$$
$$\mathrm{s.t.} \begin{cases} A \times x \leqslant b \\ Aeq \times x = beq \\ lb \leqslant x \leqslant ub \end{cases}$$

其中，$intcon$表示整数变量在决策变量向量的位置标签。

与函数linprog类似，函数intlinprog可用于求解目标函数最小化的整数线性规划模型。因此，当求目标函数最大化时，可采用取相反数的方式将最大化问题转化为最小化问题。

在MATLAB软件的Command Window中输入如下代码求解游泳队组队的整数线性规划模型。

MATLAB代码

```
%输入目标函数中决策变量系数
A=[66.8 75.6 87 58.6 57.2 66 66.4 53 78 67.8 84.6 59.4 70 74.2 69.6 57.2 67.4 71 83.8 62.4]';
%说明前20个决策变量都是整数变量
intcon=1:20;
%输入不等式约束中决策变量系数,即每人参加项目数量小于等于1
B=[ones(1,4),zeros(1,16);zeros(1,4),ones(1,4),zeros(1,12);zeros(1,8),ones(1,4),zeros(1,8);zeros(1,
12),ones(1,4),zeros(1,4);zeros(1,16),ones(1,4)];
%输入不等式约束的常数,即每人参加项目数量小于等于1
C=ones(5,1);
%输入等式约束中决策变量系数
Beq=[1,zeros(1,3),1,zeros(1,3),1,zeros(1,3),1,zeros(1,3),1,zeros(1,3);0,1,zeros(1,2),0,1,zeros(1,2),0,
1,zeros(1,2),0,1,zeros(1,2),0,1,zeros(1,2);0,0,1,0,0,0,1,0,0,0,1,0,0,0,1,0,0,0,1,0;zeros(1,3),1,zeros(1,
3),1,zeros(1,3),1,zeros(1,3),1,zeros(1,3),1];
%输入等式约束的常数
Ceq=ones(4,1);
%输入决策变量上下限
LB=zeros(1,20);
UB=ones(1,20);
[x,fval]=intlinprog(A,intcon,B,C,Beq,Ceq,LB,UB)
```

上述代码中,intcon说明决策变量中前20个变量为整数变量;此外,设置每个整数变量取值上限1以及下限0。这样,等价于说明所有整数变量都是0—1变量。

具体结果显示如下:

LP: Optimal objective value is 253.200000.

Optimal solution found.

Intlinprog stopped at the root node because the

objective value is within a gap tolerance of the optimal value,

options.TolGapAbs $= 0$（the default value）. The intcon variables are

integer within tolerance, options.TolInteger $= 1e-05$（the default value）.

x $=$

0 0 0 1 1 0 0 0 0 1 0 0 0 0 1 0 0 0 0 0

fval $=$

 253.2000

模型运算的结果显示已经求得上述线性整数规划模型的最优解。当取如下方案:$x_{14}=x_{21}=x_{32}=x_{43}=1$,其他变量为0时,游泳队的最好成绩为253.2秒,即应选派甲、乙、丙、丁4人组成接力队,分别参加自由泳、蝶泳、仰泳、蛙泳的比赛。MAT-

LAB软件运算所得目标函数值以及决策变量取值与LINGO软件得到的结果完全相同！

最后，Python软件cvxpy库的Minimize函数也可以用于求解整数线性规划模型的最小值。因此，当求目标函数最大化时，可采用取相反数的方式将最大化问题转化为最小化问题。输入如下Python代码求解游泳队组队的整数线性规划模型。

Python代码

```
import cvxpy as cp
import numpy as np
#输入目标函数中决策变量系数
c=np.array([[66.8,75.6,87,58.6],[57.2,66,66.4,53],[78,67.8,84.6,59.4],[70,74.2,69.6,57.2],[67.4,71,83.8,62.4]])
#定义整数变量
x=cp.Variable((5,4),integer=True)
#输入目标函数
obj=cp.Minimize(cp.sum(cp.multiply(c,x)))
#输入约束条件
con=[0<=x,x<=1,cp.sum(x,axis=0,keepdims=True)==1,cp.sum(x,axis=1,keepdims=True)<=1]
prob=cp.Problem(obj,con)
prob.solve(solver=cp.ECOS_BB,verbose=True)
#输出结果
print(prob.value)
print(x.value)
```

运行上述程序，具体结果显示如下：

CVXPY

v1.1.11

===

（CVXPY） Dec 14 02:18:02 PM: Your problem has 20 variables, 4 constraints, and 0 parameters.

（CVXPY） Dec 14 02:18:02 PM: It is compliant with the following grammars: DCP, DQCP

（CVXPY） Dec 14 02:18:02 PM: （If you need to solve this problem multiple times, but with different data, consider using parameters.）

（CVXPY） Dec 14 02:18:02 PM: CVXPY will first compile your problem; then, it will invoke a numerical solver to obtain a solution.

Compilation

————————————————————————————————

(CVXPY) Dec 14 02:18:02 PM: Compiling problem （target solver=ECOS_BB）.

(CVXPY) Dec 14 02:18:02 PM: Reduction chain: Dcp2Cone －> CvxAttr2Constr －> ConeMatrixStuffing －> ECOS_BB

(CVXPY) Dec 14 02:18:02 PM: Applying reduction Dcp2Cone

(CVXPY) Dec 14 02:18:02 PM: Applying reduction CvxAttr2Constr

(CVXPY) Dec 14 02:18:02 PM: Applying reduction ConeMatrixStuffing

(CVXPY) Dec 14 02:18:02 PM: Applying reduction ECOS_BB

(CVXPY) Dec 14 02:18:02 PM: Finished problem compilation （took $2.091e-02$ seconds）.

(CVXPY) Dec 14 02:18:02 PM: （Subsequent compilations of this problem, using the same arguments, should take less time.）

Unreliable search direction detected, recovering best iterate （11） and stopping.

Close to OPTIMAL （within feastol=$4.0e-12$, reltol=$3.6e-08$, abstol=$9.2e-06$）.

Runtime: 0.001844 seconds.

1   253.20   253.20   0.00

————————————————————————————————

Summary

————————————————————————————————

(CVXPY) Dec 14 02:18:02 PM: Problem status: optimal

(CVXPY) Dec 14 02:18:02 PM: Optimal value: $2.532e+02$

(CVXPY) Dec 14 02:18:02 PM: Compilation took $2.091e\text{-}02$ seconds

(CVXPY) Dec 14 02:18:02 PM: Solver （including time spent in interface） took $5.985e\text{-}03$ seconds

253.2000010584399

[[$4.67914253e\text{-}09$ $1.05608637e\text{-}08$ $-1.03220070e\text{-}09$ $9.99999820e\text{-}01$]

[$9.99999889e\text{-}01$ $8.57256467e\text{-}09$ $7.39348392e\text{-}08$ $3.06510188e\text{-}08$]

[$-1.23907019e\text{-}09$ $9.99999902e\text{-}01$ $-1.30340461e\text{-}09$ $8.64389184e\text{-}08$]

[$8.90124653e\text{-}09$ $4.72842352e\text{-}09$ $9.99999930e\text{-}01$ $4.97935934e\text{-}08$]

[$9.84867098e\text{-}08$ $7.45583583e\text{-}08$ $-1.39923159e\text{-}09$ $1.33495149e\text{-}08$]]

模型运算的结果显示已经求得上述整数线性规划模型的最优解，当取如下结果：$x_{14}=x_{21}=x_{32}=x_{43}=1$，其他变量为0时，游泳队的最好成绩为253.2秒，即应选派甲、乙、丙、丁4人组成接力队分别参加自由泳、蝶泳、仰泳、蛙泳的比赛。Python软件运算所得目标函数值以及决策变量值与LINGO软件、MATLAB软件得到的结果完全相同。

那么，使用不同优化软件得到的结果是否可能不同呢？通过下面的例题，读者可以进一步了解。

3.3 板材切割的整数规划模型案例

某钢管零售商从钢管厂进货，按照顾客的要求将钢管切割后售出。从钢管厂进货时，零售商得到长度为19m原料钢管。

问题一：现有一个客户需要50根长度为4m的钢管、20根长度为6m的钢管和15根长度为8m的钢管，建立数学模型确定如何下料最节省。

问题二：如果零售商采用的切割模式太多，将会导致生产过程过于复杂性，从而增加生产和管理成本。所以，该零售商规定采用的切割模式不能超过3种。此外，除需要上述3种钢管外，该客户还需要10根长度为5m的钢管，建立数学模型确定如何下料最省。

问题一的问题分析

通过问题解读发现这是一个典型的优化问题。优化目标是使得某种切割模式下料最省，而要做的决策为确定如何下料。因此，需要分析下料的方式并定义下料节省程度的衡量标准。

首先，应当确定哪些切割模式是可行模式。所谓切割模式是指按照客户需求在原料钢管上安排的一种组合切割方式。例如，可以将长度为19m的原料钢管切割成3根长度为4m的钢管，剩下余料为7m，或者将长度为19m的原料钢管切割成长度为4m，6m和8m的钢管各1根，剩下余料为1m。显然，有很多种可行的切割模式。

其次，应当确定哪些可行的切割模式是合理的切割模式。通常，一个合理的切割模式所剩余料不应大于或等于客户需要钢管的最小尺寸。例如，将19m长的原料钢管切割成3根4m的钢管是可行的模式，但此模式余料为7m，可进一步将7m的余料切割成1根4m的钢管（余料为3m），或者将7m的余料切割成6m的钢管（余料为1m）。在上述合理的假设下，可行且合理的切割模式共有7种，如表3-3所示。

表3-3　各种可行且合理的切割模式

模式	4m 钢管根数	6m 钢管根数	8m 钢管根数	余料/m
模式1	4	0	0	3
模式2	3	1	0	1
模式3	2	0	1	3
模式4	1	2	0	3
模式5	1	1	1	1
模式6	0	3	0	1
模式7	0	0	2	3

因此，决策变量选用每种模式的原料钢管根数。决策变量取值需要受到2个条件限制：顾客需求的限制以及变量属性的限制。按照题目所给条件将决策变量、目标函数和约束条件用数学符号及公式表示出来就可以得到相应的数学模型。

问题一的模型设计

按照优化模型的三要素（决策变量、目标函数、约束条件）建立数学模型。通过上述问题分析，可将问题转化为在满足客户需求的基础上，确定按照哪些合理的模式切割多少根原料钢管可使整个下料过程最为节省。经过广泛讨论，所谓节省可以有两种衡量标准：一是切割后剩余的总余料最小，二是切割原料钢管的总根数最少。下面将对上述两个目标分别展开讨论。

决策变量：选用 x_m 表示按照第 m 种模式（$m=1,2,\cdots,7$）切割的原料钢管根数。显然，它们都应当是非负整数。

决策目标：若以切割后剩余的总余料最小为目标，则有如下目标函数：

$$\min Z_1 = 3x_1 + x_2 + 3x_3 + 3x_4 + x_5 + x_6 + 3x_7$$

若以切割原料钢管的总根数最少为目标，则有如下目标函数：

$$\min Z_2 = x_1 + x_2 + x_3 + x_4 + x_5 + x_6 + x_7$$

在确立目标函数后，决策变量取值还受到顾客需求以及变量属性的限制。

- **顾客需求的限制**：客户需要50根长度为4m的钢管、20根长度为6m的钢管和15根长度为8m的钢管，即生产得到各种尺寸的钢管数量应大于等于顾客的需求：

$$\begin{cases} 4x_1 + 3x_2 + 2x_3 + x_4 + x_5 \geqslant 50 \\ x_2 + 2x_4 + x_5 + 3x_6 \geqslant 20 \\ x_3 + x_5 + 2x_7 \geqslant 15 \end{cases}$$

- **变量属性的限制**：钢管数量应是非负整数，$x_m \in \mathbf{N}^*, m=1,2,\cdots,7$。

综上所述，切割后剩余总余料最小化的优化模型整理如下：

$$\min Z_1 = 3x_1 + x_2 + 3x_3 + 3x_4 + x_5 + x_6 + 3x_7$$

$$\text{s.t.} \begin{cases} 4x_1 + 3x_2 + 2x_3 + x_4 + x_5 \geqslant 50 \\ x_2 + 2x_4 + x_5 + 3x_6 \geqslant 20 \\ x_3 + x_5 + 2x_7 \geqslant 15 \\ x_m \in \mathbf{N}^*, m = 1, 2, \cdots, 7 \end{cases}$$

切割原料钢管的总根数最小化的优化模型整理如下：

$$\min Z_2 = x_1 + x_2 + x_3 + x_4 + x_5 + x_6 + x_7$$

$$\text{s.t.} \begin{cases} 4x_1 + 3x_2 + 2x_3 + x_4 + x_5 \geqslant 50 \\ x_2 + 2x_4 + x_5 + 3x_6 \geqslant 20 \\ x_3 + x_5 + 2x_7 \geqslant 15 \\ x_i \in \mathbf{N}^*, m = 1, 2, \cdots, 7 \end{cases}$$

读者需要进一步思考上述哪一个优化模型更加准确。实践是检验上述两种方案孰优孰劣的最好方法。调用LINGO、MATLAB和Python软件编程分别求解上述两个优化模型，便可得到零售商的切割方案以及切割数量。如果两个模型得到的结果相同，说明该最佳决策方案在两个角度（余料最少、原料最少）都可以达到最节省；如果两个模型得到结果不同，则需要进行对比分析，从而得到优化模型的合理性。

问题一的程序设计

采用建模化语言在LINGO软件中输入如下代码，求解切割后剩余总余料最小化的优化模型。在下述程序中定集合段、数据段、目标函数以及约束条件段。在集合段定义三种类型的变量：1×7的向量，分别记录按照每种合理模式切割的原料钢管数量以及每种合理模式切割的余料；1×3的向量，记录顾客对每种尺寸的钢管需求量；7×3的向量，记录每种合理切割模式切割得到各类尺寸的钢管数量。在后续调用求和函数@sum和循环函数@for输入目标函数以及约束条件。

LINGO代码

```
!定义集合段;
sets:
ms/1..7/:x,c;
zl/1..3/:g;
fa(ms,zl):a;
endsets
!定义数据段;
data:
c=3 1 3 3 1 1 3;
```

```
a=4 0 0
3 1 0
2 0 1
1 2 0
1 1 1
0 3 0
0 0 2;
g=50,20,15;
enddata
!输入目标函数;
min=@sum(ms:c*x);
!输入约束条件;
@for(zl(j):@sum(ms(i):x(i)*a(i,j))>=g(j));
@for(ms:@gin(x));
```

由于上述程序较为简单，故不在此展现软件的运行状态以及运行结果。在选择全局最优搜索器后运行以上LINGO代码，显示模型类型为PILP（纯整数线性规划模型），模型的求解状态为Global Opt。因为求解空间有限，上述得到的结果应为全局最优解。

针对上述PILP问题也可在MATLAB软件调用函数intlinprog命令编程求解，在Command Window中输入如下程序：

MATLAB代码

```
%输入目标函数决策变量系数
A=[3 1 3 3 1 1 3];
%输入不等式的决策变量系数
B=[4 0 0;3 1 0;2 0 1;1 2 0;1 1 1;0 3 0;0 0 2]';
%输入不等式的决策变量系数
C=[50,20,15]';
%将大于等于转化为小于等于
B=B*(-1);
C=C*(-1);
%确定前7个决策变量都是整数变量
intcon=1:7;
%确定决策变量的取值下限
LB=zeros(1,7);
[x,fval] = intlinprog(A,intcon,B,C,[],[],LB,[])
```

最后，调用Python软件cvxpy库的Minimize函数求解整数线性规划模型的最小值。

输入如下Python代码求解以余料数最少为目标函数的钢材料切割整数线性规划模型。

```
Python代码

import cvxpy as cp
import numpy as np
#输入目标函数中决策变量系数
c=np.array([3,1,3,3,1,1,3]);
#输入不等式中决策变量系数
b=np.array([[4,3,2,1,1,0,0],[0,1,0,2,1,3,0],[0,0,1,0,1,0,2]]);
#输入不等式中常数
d=np.array([50,20,15]);
#定义整数变量
x=cp.Variable((7),integer=True);
#输入目标函数
obj=cp.Minimize(cp.sum(c*x));
#输入约束条件
cons=[b*x>=d,x>=0]
prob=cp.Problem(obj,cons)
prob.solve(solver=cp.ECOS_BB,verbose=True)
print(prob.value)
print(x.value)
```

MATLAB软件与Python软件的运行结果不在此处展示，读者可以自行验证上述程序代码。三种软件运算结果详见表3-4。

采用建模化语言在LINGO软件中输入如下代码，求解切割原料钢管总根数最小化的优化模型。在下述程序中定义集合段、数据段、目标函数与约束条件段。在集合段定义三种类型的变量：1×7的向量，记录按照每种合理模式切割的原料钢管数量；1×3的向量，记录顾客对每种尺寸的钢管需求量；7×3的向量，记录每种合理切割模式切割得到各类尺寸的钢管数量。在后续调用求和函数@sum和循环函数@for输入目标函数以及约束条件。

```
LINGO代码

!定义集合段;
sets:
ms/1..7/:x;
zl/1..3/:g;
fa(ms,zl):a;
endsets
```

```
!定义数据段;
data:
a=4 0 0
3 1 0
2 0 1
1 2 0
1 1 1
0 3 0
0 0 2;
g=50,20,15;
enddata
!输入目标函数;
min=@sum(ms:x);
!输入约束条件;
@for(zl(j):@sum(ms(i):x(i)*a(i,j))>=g(j));
@for(ms:@gin(x));
```

由于上述程序较为简单，故不在此展现软件的运行状态以及运行结果。在选择全局最优搜索器后运行以上LINGO代码，显示模型类型为PILP（纯整数线性规划模型），模型的求解状态为Global Opt。因为求解空间有限，上述得到的结果应为全局最优解。

针对上述PILP问题也可在MATLAB软件调用函数intlinprog命令进行编程求解，在Command Window中输入如下程序：

MATLAB代码

```
%输入目标函数决策变量系数
A=[3 1 3 3 1 1 3];
%输入不等式的决策变量系数
B=[4 0 0;3 1 0;2 0 1;1 2 0;1 1 1;0 3 0;0 0 2]';
%输入不等式的决策变量系数
C=[50,20,15]';
%将大于等于转化为小于等于
B=B*(-1);
C=C*(-1);
%确定前7个决策变量都是整数变量
intcon=1:7;
%确定决策变量的取值下限
LB=zeros(1,7);
[x,fval] = intlinprog(A,intcon,B,C,[],[],LB,[])
```

最后，调用Python软件cvxpy库的Minimize函数求解整数线性规划模型的最小值。输入如下Python代码求解以钢管总数最少为目标函数的钢材料切割整数线性规划模型。

```
Python代码
import cvxpy as cp
import numpy as np
#输入不等式中决策变量系数
b=np.array([[4,3,2,1,1,0,0],[0,1,0,2,1,3,0],[0,0,1,0,1,0,2]]);
#输入不等式常数
d=np.array([50,20,15])
#定义整数变量
x=cp.Variable((7),integer=True);
#输入目标函数
obj=cp.Minimize(cp.sum(x));
#输入约束条件
cons=[b*x>=d,x>=0]
prob=cp.Problem(obj,cons)
prob.solve(solver=cp.ECOS_BB,verbose=True)
print(prob.value)
print(x.value)
```

为节省篇幅，此处不再详细展示两项方案三种软件运行的具体结果。整理两项方案的决策变量以及目标函数值，汇总显示如表3-4所示。

表3-4 两种方案结果

方案	模式	4m钢管数	6m钢管数	8m钢管数	余料/m	根数
方案一	模式2	3	1	0	1	12
	模式5	1	1	1	1	15
	合计	51	27	15	27	27
方案二 LINGO结果	模式2	3	1	0	1	10
	模式3	2	0	1	3	5
	模式5	1	1	1	1	10
	合计	50	20	15	35	25
方案二 MATLAB结果	模式1	4	0	0	3	5
	模式2	3	1	0	1	5
	模式5	1	1	1	1	15
	合计	50	20	15	35	25

方案	模式	4m钢管数	6m钢管数	8m钢管数	余料/m	根数
方案二 Python结果	模式1	4	0	0	3	1
	模式2	3	1	0	1	10
	模式3	2	0	1	3	3
	模式5	1	1	1	1	10
	模式6	0	0	2	3	1
	合计	50	20	15	35	25

对比结果可发现：两种方案的切割方式不同，所用原料钢管数量不同，余料长度也不同。

按照方案一进行求解时，三种软件得到优化模型的决策变量、目标函数值结果相同，分别按照模式2切割12根，按照模式5切割15根，可得到51根4m钢管、27根6m钢管、15根8m钢管。然而，顾客只需50根4m钢管、20根6m钢管和15根8m钢管，显然，模型构造过程中并未将超过顾客需求的1根4m钢管计入余料。若将超过顾客所需的钢管也计入余料，可得方案一的余料$4+42=46$（m），超过方案二的余料35m。对比两种方案结果后，发现方案二的切割方式更为合适。如果修改方案一中数学模型的目标函数（将超过顾客需求的钢管也计入余料），得到数学模型如下所示：

$$\min Z_1 = 3x_1 + x_2 + 3x_3 + 3x_4 + x_5 + x_6 + 3x_7 + f + g + h$$

$$\text{s.t.} \begin{cases} 4x_1 + 3x_2 + 2x_3 + x_4 + x_5 \geqslant 50 \\ x_2 + 2x_4 + x_5 + 3x_6 \geqslant 20 \\ x_3 + x_5 + 2x_7 \geqslant 15 \\ f = 4 \times (4x_1 + 3x_2 + 2x_3 + x_4 + x_5 - 50) \\ g = 6 \times (x_2 + 2x_4 + x_5 + 3x_6 - 20) \\ h = 8 \times (x_3 + x_5 + 2x_7 - 15) \\ x_m \in \mathbf{N}^*, m = 1, 2, \cdots, 7 \end{cases}$$

求解修正后的数学模型，可以发现得到的结果与方案二的结果相同。读者可自行验证。

按照方案二进行求解时，三种软件求解优化模型得到的结果存在微小差异。虽然三种软件得到优化模型目标函数值相同，但是决策变量不一样，说明如果数学模型存在多种方案可达到最优值时，采用不同软件求解完全可能得到不同的决策方案，而这些决策方案都可以使得目标函数达到最优值。

当限定钢管切割模式不得超过3种，且还需要10根长度为5m的钢管时，数学模型的构造过程将稍具难度。下面将从两种不同角度建立问题二的数学模型。

问题二的问题分析（1）

按照问题一的求解思路，可通过简单的枚举法确定所有可行且合理的切割模式，得到结果如表3-5所示。

表3-5　各种可行且合理的切割模式

模式	4m钢管数	5m钢管数	6m钢管数	8m钢管数	余料/m
模式1	0	0	0	2	3
模式2	0	0	3	0	1
模式3	0	1	1	1	0
模式4	0	1	2	0	2
模式5	0	2	0	1	1
模式6	0	2	1	0	3
模式7	1	0	1	1	1
模式8	1	0	2	0	3
模式9	1	1	0	1	2
模式10	1	3	0	0	0
模式11	2	0	0	1	3
模式12	2	1	1	0	0
模式13	2	2	0	0	1
模式14	3	0	1	0	1
模式15	3	1	0	0	2
模式16	4	0	0	0	3

在问题一的基础上，可定义最节省的衡量标准为在满足客户需求基础上使用原材料钢管数量最少。这是一个经典的优化问题。此优化问题的目标是下料最省，要做的决策是如何下料，即每种模式分别选用的原料钢管数量。决策需要受到3个条件的限制：顾客需求、加工条件以及变量属性。按照题目所给条件将决策变量、目标函数和约束条件用数学符号及公式表示出来，就可以得到相应的数学模型。

问题二的模型设计（1）

按照优化模型的三要素（决策变量、目标函数、约束条件）建立数学模型。决策变量：选用 x_m 表示按照第 m 种模式（$m=1,2,\cdots,16$）切割的原料钢管根数。显然，

86

它们应当是非负整数。

决策目标：以切割原料钢管的总根数最少为目标函数，则有

$$\min \sum_{m=1}^{16} x_m$$

问题二的难点在于该零售商规定采用的不同切割模式不能超过3种。为实现该要求，尝试引入额外的决策变量：以 r_m 表示是否采用第 m 种模式进行切割（$m=1,2,\cdots,16$）。

$$r_m = \begin{cases} 1, \text{采用第}m\text{种模式} \\ 0, \text{不采用第}m\text{种模式} \end{cases}, m=1,2,\cdots,16$$

当采用第 m 种模式进行切割时，所用原料钢管数量可以表示为 $r_m x_m$；如果不采用第 m 种模式进行切割时，所用原料钢管数量为 $r_m x_m = 0$。因此，以切割原料钢管数量最少的目标函数修正如下：

$$\min \sum_{m=1}^{16} r_m x_m$$

以上目标函数亦可理解为所采用的切割模式所用的原料钢管总数最小化。

在确立目标函数后，决策变量取值受到顾客需求、加工条件以及变量属性的限制。

• **顾客需求的限制：**客户需要50根长度为4m的钢管、10根长度为5m的钢管、20根长度为6m的钢管和15根长度为8m的钢管，即生产得到各种尺寸的钢管数量应大于等于顾客的需求：

$$\begin{cases} r_7 x_7 + r_8 x_8 + r_9 x_9 + r_{10} x_{10} + 2r_{11} x_{11} + 2r_{12} x_{12} + 2r_{13} x_{13} + 3r_{14} x_{14} + 3r_{15} x_{15} + 4r_{16} x_{16} \geqslant 50 \\ r_3 x_3 + r_4 x_4 + 2r_5 x_5 + 2r_6 x_6 + r_9 x_9 + 3r_{10} x_{10} + r_{12} x_{12} + 2r_{13} x_{13} + r_{15} x_{15} \geqslant 10 \\ 3r_2 x_2 + r_3 x_3 + 2r_4 x_4 + r_6 x_6 + r_7 x_7 + 2r_8 x_8 + r_{12} x_{12} + r_{14} x_{14} \geqslant 20 \\ 2r_1 x_1 + r_3 x_3 + r_5 x_5 + r_7 x_7 + r_9 x_9 + r_{11} x_{11} \geqslant 15 \end{cases}$$

• **加工条件的限制：**该零售商规定采用的不同切割模式不能超过3种：

$$\sum_{m=1}^{16} r_m \leqslant 3$$

• **变量属性的限制：**钢管数量应是非负整数，$x_m \in \mathbb{N}^*$；模式变量 r_m 是 0−1 变量，$r_m \in \{0,1\}$，$m=1,2,\cdots,16$。

综上所述，所建立钢管切割问题的优化模型如下：

$$\min \sum_{m=1}^{16} r_m x_m$$

$$\text{s.t.} \begin{cases} r_7 x_7 + r_8 x_8 + r_9 x_9 + r_{10} x_{10} + 2r_{11} x_{11} + 2r_{12} x_{12} + 2r_{13} x_{13} + 3r_{14} x_{14} + 3r_{15} x_{15} + 4r_{16} x_{16} \geqslant 50 \\ r_3 x_3 + r_4 x_4 + 2r_5 x_5 + 2r_6 x_6 + r_9 x_9 + 3r_{10} x_{10} + r_{12} x_{12} + 2r_{13} x_{13} + r_{15} x_{15} \geqslant 10 \\ 3r_2 x_2 + r_3 x_3 + 2r_4 x_4 + r_6 x_6 + r_7 x_7 + 2r_8 x_8 + r_{12} x_{12} + r_{14} x_{14} \geqslant 20 \\ 2r_1 x_1 + r_3 x_3 + r_5 x_5 + r_7 x_7 + r_9 x_9 + r_{11} x_{11} \geqslant 15 \\ \sum_{m=1}^{16} r_m \leqslant 3 \\ x_i \in \mathbf{N}^*, r_m \in \{0,1\}, m=1,2,\cdots,16 \end{cases}$$

问题二的程序设计（1）

采用建模化语言在LINGO软件中输入如下代码。下述程序中定义集合段、数据段、目标函数与约束条件段。在集合段定义三种类型的变量：1×16 的向量，分别记录是否按照某模式切割的标记以及按照每种模式切割的原料钢管数量；1×4 的向量，记录顾客对每种尺寸的钢管需求量；16×4 的向量，记录每种合理切割模式得到各类尺寸的数量。在后续调用求和函数@sum和循环函数@for输入目标函数以及约束条件。

LINGO代码

```
!定义集合段;
sets:
ms/1..16/:x,r;
zl/1..4/:g;
fa(ms,zl):a;
endsets
!定义数据段;
data:
a=0 0 0 2
0 0 3 0
0 1 1 1
0 1 2 0
0 2 0 1
0 2 1 0
1 0 1 1
1 0 2 0
1 1 0 1
1 3 0 0
2 0 0 1
2 1 1 0
```

```
2 2 0 0
3 0 1 0
3 1 0 0
4 0 0 0;
g=50,10,20,15;
enddata
!输入目标函数;
min=@sum(ms:x*r);
!输入约束条件：满足顾客需求、整数变量、0-1变量、加工不超过3种;
@for(zl(j):@sum(ms(i):r(i)*x(i)*a(i,j))>=g(j));
@for(ms:@gin(x));
@for(ms:@bin(r));
@sum(ms:r)<=3;
```

选择全局优化搜索器后运行如上程序，显示求解状态如图3-2所示。

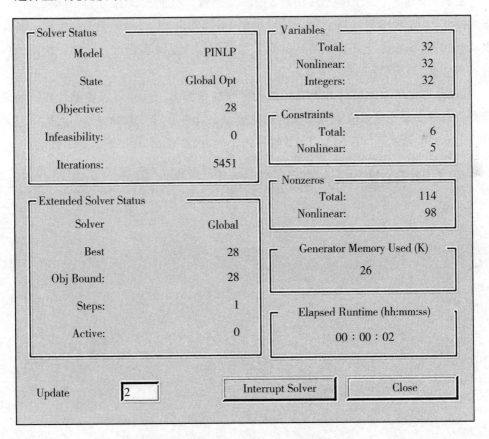

图3-2　钢管切割问题LINGO求解状态图

图3-2显示：模型类型属于PINLP（纯整数非线性规划模型），目标函数值的状态

为 Global Opt（全局最优解），目标函数最优值为 28，迭代次数为 5451 次。与问题一所建立的数学模型不同，该优化模型的目标函数与约束条件并不符合比例性。因此，上述模型是一个标准的整数非线性规划模型。

由于模型涉及变量较多，故不在此处粘贴软件运行结果。模型运算的决策变量以及目标函数值整理显示如表 3-6 所示。

表 3-6　具体运算结果表

模式	4m 钢管数	5m 钢管数	6m 钢管数	8m 钢管数	采用根数
模式 1	0	0	0	2	8
模式 12	2	1	1	0	10
模式 14	3	0	1	0	10
合计	50	10	20	16	28

由表 3-6 可见，按照模式 1 切割 8 根原料钢管，按照模式 12 切割 10 根原料钢管，按照模式 14 切割 10 根原料钢管，可以得到 4m 钢管 50 根、5m 钢管 10 根、6m 钢管 20 根、8m 钢管 16 根，上述方案得到的钢管数量能够满足顾客要求。此时，使用原料钢管 28 根，总体切割方式最为节省。

目前，MATLAB 软件并没有现成的函数命令或者工具箱可求解整数非线性规划模型。对于决策变量取值空间不大的优化模型，读者可以考虑编写程序遍历解空间求得优化模型的最优解。在 MATLAB 软件的 Command Window 中输入如下代码：

MATLAB 代码

```
d=[0 0 0 2
0 0 3 0
0 1 1 1
0 1 2 0
0 2 0 1
0 2 1 0
1 0 1 1
1 0 2 0
1 1 0 1
1 3 0 0
2 0 0 1
2 1 1 0
2 2 0 0
3 0 1 0
3 1 0 0
4 0 0 0];
```

```
D=d>0;
%输入不等式约束常数
C=[-50,-10,-20,-15];
%说明前3个变量是0-1变量
intcon=1:3;
%定义三个临时变量,迭代过程中保存最优解
temp1=inf;
temp2=[];
temp3=[];
LB=zeros(1,3);
for i=1:16;
    for j=i:16;
        for k=j:16;
            T1=[d(i,:);d(j,:);d(k,:)];
            T2=[D(i,:);D(j,:);D(k,:)];
%进一步判断是否为可行解,即这组切割方案是否同时生成各种类型钢管。
            for m=1:3
                flag(m)=sum(T2(:,m));
            end
            if prod(flag)>0
                [x,fval]=intlinprog(ones(1,3),intcon,T1'*(-1),C,[],[], LB);
                if fval<temp1
                    temp1=fval;
                    temp2=x;
                    temp3=T1;
                end
            end
        end
    end
end
temp1%输出钢管总数
temp2%输出各种类型钢管数量
temp3%输出切割方案
```

运行上述程序，具体结果显示如下：

temp1 =

  28.0000

temp2 =

  8.0000

  10.0000

```
10.0000
temp3 =
    0   0   0   2
    2   1   1   0
    3   0   1   0
```

模型运算的决策变量以及目标函数值整理显示：第1种模式切割8根原料钢管，每根原料钢管切割成8m钢管2根；第2种模式切割10根原料钢管，每根原料钢管切割成4m钢管2根，5m钢管和6m钢管各1根；第3种模式切割10根原料钢管，每根原料钢管切割成4m钢管3根，6m钢管1根。此时，得到决策变量以及目标函数值与LINGO软件得到结果相同。

目前，Python软件也没有现成的函数命令或者工具箱可以求解整数非线性规划模型。对于决策空间不大的模型，可以编写程序遍历求得此整数非线性优化模型的最优解。

Python代码

```python
import cvxpy as cp
import numpy as np
C=np.zeros([4,3]);
#定义目标函数中决策变量系数
b=np.array([[0,0,0,0,0,0,1,1,1,1,2,2,2,3,3,4],[0,0,1,1,2,2,0,0,1,3,0,1,2,0,1,0],[0,3,1,2,0,1,1,2,0,0,0,1,0,1,0,0],[2,0,1,0,1,0,1,0,1,0,1,0,0,0,0,0]]);
c=np.array([50,10,20,15]);
temp1=999;
temp2=[]
for i in range(16):
    for j in range(i,16):
        for k in range(j,16):
            C[:,0]=b[:,i];
            C[:,1]=b[:,j];
            C[:,2]=b[:,k];
            temp2=[];
#判断是否为一种可行的组合,在组合中同时能切割需要的各种类型钢管
            for i1 in range(4):
                temp2.append(sum(C[i1,:]));
            flag=np.prod(temp2);
            if flag>0:
                #定义决策变量函数
                x=cp.Variable((3),integer=True);
```

```
            #定义目标函数
            obj=cp.Minimize(cp.sum(x));
            cons=[C*x>=c,x>=0]
            prob=cp.Problem(obj,cons)
            prob.solve(solver=cp.ECOS_BB,verbose=True)
            if temp1>prob.value:
                temp1=prob.value;
                temp3[:,0]=b[:,i];
                temp3[:,1]=b[:,j];
                temp3[:,2]=b[:,k];
                temp4=x.value
print('最少钢管数量为:',temp1)
print('最佳切割模式为:',temp3)
print('各种模式切割数量为:',temp4)
```

运行上述程序，具体结果显示如下：

最少钢管数量为：28.000000000491355

最佳切割模式为：[[0. 0. 0. 2.][2. 1. 1. 0.][3. 0. 1. 0.]]

各种模式切割数量为：[8. 10. 10.]

整理MATLAB软件与Python软件输出结果发现决策方案以及目标函数值与LIN-GO软件输出结果相同。但是，遍历不是一种聪明的方法，也不是一种高效的方法。对于整数非线性规划模型，读者可以参考一些启发式算法以提高求解效率。

下面介绍一种更有普遍性、能够同时确定切割模式和切割计划的数学模型。

问题二的问题分析（2）

类似于问题一，一个合理的切割模式余料不应该大于或等于客户需要钢管的最小尺寸（本题为4m）。假设切割计划只使用可行且合理的切割模式，由于本题中各参数都是整数，所以合理切割模式的余料长度不能大于3m。选择原材料总根数最小为目标函数。按照题目所给条件将决策变量、目标函数和约束条件用数学符号及公式表示出来，就可得到相应的数学模型。

问题二的模型设计（2）

按照优化模型的三要素（决策变量、目标函数、约束条件）建立数学模型。决策变量：由于要求不同切割模式不能超过3种，可以用x_m表示按照第m种模式（$m=1,2,3$）切割的原料钢管根数。显然，它们都应是非负整数。设第m种切割模式下每根原料钢管生产4m、5m、6m和8m的钢管数量分别为r_{1m}, r_{2m}, r_{3m}, r_{4m}（非负整数）。以切割原料钢管的总根数最少为目标，则目标函数可以表达如下：

$$\min \sum_{m=1}^{3} x_m$$

在确立目标函数后，决策变量取值还受到顾客需求、合理性以及变量属性的限制。

- **顾客需求的限制**：客户需要50根长度为4m的钢管、10根长度为5m的钢管、20根长度为6m的钢管和15根长度为8m的钢管，为满足客户的需求，应有

$$\sum_{m=1}^{3} r_{nm} x_m \geqslant a_n, n=1, 2, 3, 4$$

其中，定义向量$\boldsymbol{A}=(a_n)_{1 \times 4}=[50, 10, 20, 15]$表示用户对各种尺寸钢管的需求量。

- **合理性的限制**：每一种切割模式必须可行、合理，所以每根原料钢管的成品量不能超过19m，也不能少于16m（余料不能大于3m）。

$$16 \leqslant \sum_{n=1}^{4} r_{nm} b_n \leqslant 19, m=1, 2, 3$$

其中，定义向量$\boldsymbol{B}=(b_n)_{1 \times 4}=[4, 5, 6, 8]$表示用户需要的各种钢管尺寸。

- **变量属性的限制**：钢管数量以及切割方式应是非负整数，$x_m, r_{nm} \in \mathbf{N}^*, m=1, 2, 3; n=1, 2, 3, 4$。

综上所述，所建立钢管切割问题的优化模型如下：

$$\min \sum_{m=1}^{3} x_m$$

$$\text{s.t.} \begin{cases} \sum_{m=1}^{3} r_{nm} x_m \geqslant a_n, n=1, 2, 3, 4 \\ 16 \leqslant \sum_{n=1}^{4} r_{nm} b_n \leqslant 19, m=1, 2, 3 \\ x_m, r_{nm} \in \mathbf{N}^*, m=1, 2, 3; n=1, 2, 3, 4 \end{cases}$$

问题二的程序设计（2）

在LINGO软件中输入如下代码求解钢管切割的整数非线性规划模型。在建模化语言中，涉及集合段、数据段、目标函数与约束条件段。在集合段定义三种类型的变量：1×3的向量，记录每种模式切割的原料钢管数量；1×4的向量，分别记录顾客需要的钢管尺寸规格以及需求量；4×3的向量，记录每种切割模式切割得到各类尺寸钢管的数量。在后续调用求和函数@sum和循环函数@for输入目标函数以及约束条件。

LINGO代码

```
!定义集合段;
sets:
number/1..3/:x;
modes/1..4/:a,b;
mode(modes,number):r;
endsets
!定义数据段;
data:
a=50,10,20,15;
b=4,5,6,8;
enddata
!输入目标函数;
min=@sum(number:x);
!输入约束条件,即合理性约束,顾客需求约束,整数变量约束、0-1约束;
@for(modes(j):@sum(number(i):x(i)*r(j,i))>=a(j));
@for(number(i):@sum(modes(j):b(j)*r(j,i))<=19);
@for(number(i):@sum(modes(j):b(j)*r(j,i))>=16);
@for(number: @gin(x));
@for(mode:@gin(r));
```

模型运算的具体结果显示在Solution Report。由于运行LINGO软件涉及中间变量较多、零值决策变量较多,故不在此处粘贴软件运行的完整结果。读者可以在LINGO软件菜单栏Solver中选择Solution,在弹出页面中选择非零决策变量进行展示。

Local optimal solution found.

Objective value: 28.00000

Objective bound: 28.00000

Infeasibilities: 0.000000

Extended solver steps: 1070

Total solver iterations: 14705

Elapsed runtime seconds: 1.17

Model Class: PIQP

Total variables: 15

Nonlinear variables: 15

Integer variables: 15

Total constraints: 11

Nonlinear constraints: 4

Total nonzeros: 51

Nonlinear nonzeros: 12

Variable	Value	Reduced Cost
X（1）	10.00000	1.000000
X（2）	10.00000	1.000000
X（3）	8.000000	1.000000
R（1，1）	2.000000	0.000000
R（1，2）	3.000000	0.000000
R（2，1）	1.000000	0.000000
R（3，1）	1.000000	0.000000
R（3，2）	1.000000	0.000000
R（4，3）	2.000000	0.000000

整理LINGO软件得到的结果，采用3种切割模式可使得下料最为节省。第1种切割模式将原料钢管切割成2根4m钢管、1根5m钢管、1根6m钢管；第2种切割模式将原料钢管切割成3根4m钢管和1根6m钢管；第3种切割模式将原料钢管切割成2根8m钢管。第1种方式切割10根原料钢管，第2种方式切割10根原料钢管，第3种方式切割8根原料钢管。此方案最为节省。

目前，MATLAB软件并没有现成的函数命令或者工具箱可以求解整数非线性规划模型。对于决策变量取值空间不大的模型，读者可以编写程序遍历解空间求得优化模型的最优解。

MATLAB代码

```
G=[-50,-10,-20,-15];
%定义前三个决策变量为整数变量
intcon=1:3;
%定义三个临时变量,迭代过程中保存最优解
temp1=inf;
temp2=[];
temp3=[];
for t1=0:4;%4m根数的取值范围
  for t2=0:(19-4*t1)/5; %5m根数的取值范围
    for t3=0:(19-4*t1-5*t2)/6; %6m根数的取值范围
      for t4=0:(19-4*t1-5*t2-6*t3)/8; %8m根数的取值范围
        C(1,:)=[t1,t2,t3,t4]; %第1种模式
        for t5=0:4
          for t6=0:(19-4*t5)/5;
```

```
       for t7=0:(19−4*t5−5*t6)/6;
           for t8=0:(19−4*t5−5*t6−6*t7)/8;
             C(2,:)=[t5,t6,t7,t8]; %第2种模式
             for t9=0:4
               for t10=0:(19−4*t9)/5;
                 for t11=0:(19−4*t9−5*t10)/6;
                   for t12=0:(19−4*t9−5*t10−6*t11)/8;
                     C(3,:)=[t9,t10,t11,t12]; %第3种模式
[x,fval]=intlinprog(ones(1,3),intcon,C'*(−1),G,[],[],zeros(1,3));
                       if fval<temp1
                         temp1=fval;
                         temp2=x;
                         temp3=C;
                       end
                     end
                   end
                 end
               end
             end
           end
         end
       end
     end
   end
 end
temp1%输出钢管总数
temp2%输出各种类型钢管数量
temp3%输出切割方案
```

运行上述程序，具体结果显示如下：

temp1 =

　28.0000

temp2 =

　8.0000

10.0000

10.0000

temp3 =

　0　0　0　2

```
2 1 1 0
3 0 1 0
```

整理MATLAB软件输出结果发现决策方案以及目标函数值与LINGO软件输出结果相同。

采用Python软件也可实现如上类似的遍历求得优化模型的最优解的过程，代码如下所示：

Python代码

```python
import cvxpy as cp
import numpy as np
import math
C=np.zeros([4,3]);
temp3=np.zeros([3,4]);
temp1=999;
c=np.array([50,10,20,15]);
for i1 in range(5):
 for j1 in range(math.floor((19-4*i1)/5)+1):
  for l1 in range(math.floor((19-4*i1-5*j1)/6)+1):
   for m1 in range(math.floor((19-4*i1-5*j1-6*l1)/8)+1):
    C[:,0]=[i1,j1,l1,m1];
    for i2 in range(i1,5):
     for j2 in range(math.floor((19-4*i2-5*j2)/5)+1):
      for l2 in range(math.floor((19-4*i2-5*j2)/6)+1):
       for m2 in range(math.floor((19-4*i2-5*j2-6*l2)/8)+1):
        C[:,1]=[i2,j2,l2,m2];
        for i3 in range(i2,5):
         for j3 in range(math.floor((19-4*i3)/5)+1):
          for l3 in range(math.floor((19-4*i3-5*j3)/6)+1):
           for m3 in range(math.floor((19-4*i3-5*j3-6*l3)/8)+1):
            C[:,2]=[i3,j3,l3,m3];
            temp2=[];
            flag=0;
            for n1 in range(4):
             temp2.append(sum(C[n1,:]));
            flag=np.prod(temp2);
            if flag>0:
             x=cp.Variable((3),integer=True);
             obj=cp.Minimize(cp.sum(x));
             cons=[C*x>=c,x>=0];
```

```
            prob=cp.Problem(obj,cons);
            prob.solve(solver=cp.ECOS_BB,verbose=True);
            if temp1>prob.value:
             temp1=prob.value;
             temp4=x.value;
             temp3[0,:]=[i1,j1,l1,m1];
             temp3[1,:]=[i2,j2,l2,m2];
             temp3[2,:]=[i3,j3,l3,m3];
print('最少钢管数量为:',temp1)
print('最佳切割模式为:',temp3)
print('各种模式切割数量为:',temp4)
```

运行上述程序，具体结果显示如下：

最少钢管数量为：28.000000000491355

最佳切割模式为：[[0. 0. 0. 2.][2. 1. 1. 0.][3. 0. 1. 0.]]

各种模式切割数量为：[8. 10. 10.]

对比两种解决方法，三种不同软件得到的决策变量以及目标函数值相同。可见，当解空间不大时，遍历是一种值得尝试的方法，也可以获得全局最优解。

3.4　交巡警服务平台的设置与调度的整数规划案例

为更有效地贯彻实施交警职能，需要在市区一些交通要道和重要部位设置交巡警服务平台。试就某市设置交巡警服务平台的相关情况，建立数学模型分析研究下面的问题：

图3-3给出了该市中心城区A的交通网络和现有的20个交巡警服务平台的设置情况示意，相关的数据信息见附件。请为各交巡警服务平台分配管辖范围，使其在所管辖的范围内出现突发事件时，尽量能在3分钟内有交巡警（警车的时速为60km/h）到达事发地。

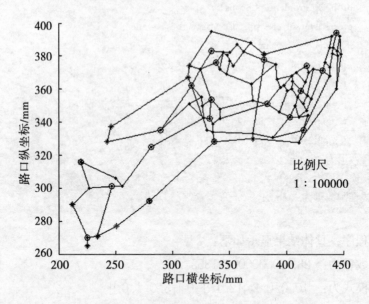

图3-3　A区道路连通设置情况

说明　本例题改编于2011年全国大学生数学建模竞赛B题，相关附件数据可以在官网历年赛题栏目进行下载（http://www.mcm.edu.cn）。

问题分析

本题要求确定20个交巡警服务平台管辖范围。首先，运用最短路径算法求出A区标号m的路口节点与标号n的交巡警服务平台设置点之间的最短路径d_{mn}。为尽量有交巡警能够在3分钟内赶到事发地路口，按照题给比例尺进行换算并结合警车时速可知：当$d_{mn} \leqslant 30mm$时，可认为标号m的路口节点处于标号n的交巡警服务平台管辖范围。当所有交巡警服务平台到某路口的最短距离都超过3km时，则该路口节点应当分配至与其距离最近的交巡警服务平台进行管辖。

基于上述分配思想，考察交巡警服务平台管辖范围内工作量均衡问题。引入0—1规划思想，用各交巡警服务平台管辖范围内总发案率的极差作为衡量工作量均衡程度的指标。按照题目所给条件将决策变量、目标函数和约束条件用数学符号及公式表示出来就可以得到相应的数学模型。

模型假设

1.假设所有突发事件都发生在路口，故讨论交巡警服务平台管辖范围时，以各个路口节点作为对象开展研究。

2.当所有交巡警服务平台距某路口的最短距离都超过3km时，则该路口节点应分配至与其距离最近的交巡警服务平台进行管辖。

模型设计

按照优化模型的三要素（决策变量、目标函数、约束条件）建立数学模型。为使各交巡警尽量能在3分钟内到达事发地，必须计算各路口节点m到各交巡警服务平台设置点n的最短路径d_{nm}。有关最短路径的计算方法将在第7章图论优化模型进行介绍（感兴趣的读者可以直接参阅第7章最短路径模型）。由于警车的时速恒定为60km/h，当交巡警服务平台与某路口间的距离小于3km时，则可在3分钟内赶到该路口。因此，统计所有$d_{nm} \leqslant 30$mm所对应的路口节点n与交巡警服务平台设置点m。求解最短路径模型可发现存在6个路口节点距其最近交巡警服务平台设置点路程大于3km，路口标号分别为28，29，38，39，61，92，可将这6个路口分配至距离其最近的交巡警服务平台进行管辖。对应的交巡警服务平台标号分别为15，15，16，2，7，20。

若将所有路口都分配至距其最近交巡警服务平台进行管辖，统计每个交巡警服务平台管辖的路口数量以及工作量，如图3-4所示。

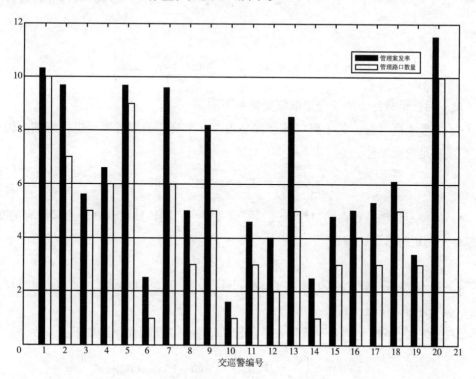

图3-4 最短路径覆盖方案下，交巡警服务平台处理的工作量统计

从图3-4可以发现，各交巡警服务平台在承担出警工作量方面存在较大差异，需

建立工作量均衡的优化模型予以修正。记 y_m 为第 m 个路口节点的案发率，引入两个 0−1 矩阵 $X=(x_{nm})_{20\times92}$ 与 $T=(t_{nm})_{20\times92}$。X 表示决策变量矩阵存储分配方案；T 表示允许分配方案矩阵。其矩阵元素含义如下所示：

$$x_{nm}=\begin{cases}1,\ 标号n的交巡警平台管辖标号m的路口\\0,\ 标号n的交巡警平台不管辖标号m的路口\end{cases},n=1,2,\cdots,20;m=1,2,\cdots,92$$

$$t_{nm}=\begin{cases}1,\ 标号n的交巡警平台可在3分钟内赶到标号m的路口\\0,\ 标号n的交巡警平台无法在3分钟到标号m的路口\end{cases},\begin{matrix}n=1,\cdots,20;\\m=1,\cdots,92\end{matrix}$$

当元素 $t_{nm}=1$ 时，说明标号 n 的交巡警服务平台可以在 3 分钟内赶到标号 m 的路口，也可以认为标号 n 的交巡警服务平台拥有标号 m 的路口的管辖权。通过最短路径计算得出结论：存在 6 个路口节点距其最近交巡警服务平台设置点超过 3km，即所有交巡警服务平台都没有这 6 个路口的管辖权。因此，将它们分配到距其最近的交巡警服务平台进行管辖，表达如下：

$$t_{15,28}=1,\ t_{15,29}=1,\ t_{16,38}=1,\ t_{2,39}=1,\ t_{7,61}=1,\ t_{20,92}=1$$

优化模型的目标函数选取所有交巡警服务平台所承担工作量极差越小越好。其中，标号 n 的交巡警服务平台管辖工作量可以表示为 $\sum_{m=1}^{92}y_mx_{nm}t_{nm}$。因此，目标函数可以表示如下：

$$\min\max_n\left\{\sum_{m=1}^{92}y_mx_{nm}t_{nm}\right\}-\min_n\left\{\sum_{m=1}^{92}y_mx_{nm}t_{nm}\right\}$$

确立目标函数后，决策变量取值受到如下限制：

- 由于实际情况，每个路口节点都必须由一个交巡警服务平台进行管辖。因此，x_{nm} 必须满足约束条件：

$$\sum_{n=1}^{20}x_{nm}t_{nm}=1,m=1,2,\cdots,92$$

- 为便于管辖，若在路口设有交巡警服务平台，则该路口就划分给其设有的交巡警服务平台进行管辖，即

$$x_{nn}=1,n=1,2,\cdots,20$$

- 决策变量属性的限制：管辖变量 x_{nm} 属于 0−1 变量，$x_{nm}\in\{0,1\}$，$n=1,2,\cdots,20;m=1,2,\cdots,92$。

综上所述，所建立的交巡警服务平台管辖范围的优化模型整理如下：

$$\min\max_n\left\{\sum_{m=1}^{92}y_mx_{nm}t_{nm}\right\}-\min_n\left\{\sum_{m=1}^{92}y_mx_{nm}t_{nm}\right\}$$

$$\text{s.t.}\begin{cases} \sum\limits_{n=1}^{20} x_{nm}t_{nm}=1, m=1,2,\cdots,92 \\ x_{nm}=1, \quad n=1,2,\cdots,20 \\ x_{nm}\in\{0,1\}, \quad n=1,\cdots,20; m=1,\cdots,92 \end{cases}$$

模型求解

采用建模化语言在LINGO软件中输入如下代码。在程序中定义集合段、数据段、目标函数以及约束条件段。在集合段定义三种类型的变量：1×20的向量；1×92的向量，记录每个路口的案发量；20×92的向量，记录每个交巡警服务平台管辖范围的决策变量以及决策允许状况。在数据段通过@ole函数从Excel软件中读取数据。在后续调用求和函数@sum、循环函数@for、最值函数@min与@max输入目标函数以及约束条件。

LINGO代码

```
!定义集合段;
sets:
pt/1..20/:;
lk/1..92/:y;
fa(pt,lk):x,t;
endsets
!定义数据段,通过ole从Excel导入数据,其中y表示路口案发率,t表示允许管辖范围矩阵;
data:
y=@ole('C:\Users\Desktop\data.xlsx','y');
t=@ole('C:\Users\Desktop\data.xlsx','t');
enddata
!输入目标函数;
min=@max(pt(i):@sum(lk(j):y(j)*x(i,j)*t(i,j)))-@min(pt(i):@sum(lk(j):y(j)*x(i,j)*t(i,j)));
!输入约束条件;
@for(lk(j):@sum(pt(i):x(i,j)*t(i,j))=1);
@for(pt(i):x(i,i)=1);
@for(fa:@bin(x));
```

在选择全局优化求解器后运行如上程序，显示求解状态如图3-5所示。

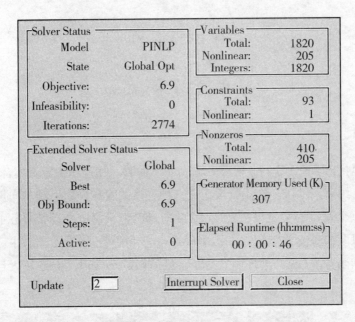

图3-5　交巡警服务平台管辖问题LINGO求解状态

图3-5显示：模型类型属于PINLP（纯整数非线性规划模型），目标函数值的状态为Global Opt（全局最优解），目标函数最优值为6.9，迭代次数为2774次。由于此模型涉及的变量较多，故不在此处粘贴软件运行结果。模型运算的决策变量整理如表3-7所示。

表3-7　具体运算结果表

交巡警服务平台位置标号	管辖范围内的路口位置标号
1	$1,70,72,75,76,77,78,79,80$
2	$2,39,43,66,67$
3	$3,44,54,55,64,68$
4	$4,57,60,62,63$
5	$5,47,48,49,51,53$
6	$6,50,52,56,58,59$
7	$7,30,34,61$
8	$8,32,36,37,45$
9	$9,35$
10	10
11	$11,26,27$

交巡警服务平台位置标号	管辖范围内的路口位置标号
12	12,25
13	13,21,22,23,24
14	14
15	15,28,29,31
16	16,33,38,46
17	17,40,41,42
18	18,73,83,84,88,90,91
19	19,65,69,71,74,81,82
20	20,85,86,87,89,92

经过工作量均衡优化后，交巡警服务平台的工作量极差最优值为6.9，即工作量最多的交巡警服务平台比工作量最少的交巡警服务平台工作量高6.9。在此均衡定义下，该方案为最优方案。

由于MATLAB软件并没有现成的函数命令或者工具箱可以求解整数非线性规划模型，且上述整数非线性规划模型也不便采用遍历方式求解，因此，借鉴贪婪算法的思想设计计算方法求解工作量均衡优化模型的近似最优解，过程如下所示：

- Step1：将设有交巡警服务平台的路口直接分配给该交巡警服务平台管辖，即将1~20号路口分别分配至1~20号交巡警服务平台。
- Step2：考察21~92路口是否只有1个交巡警服务平台拥有管辖权。如果某路口只有1个交巡警服务平台拥有管辖权，则将该路口分配给对应的交巡警服务平台。
- Step3：将路口按照案发率从高到低进行重新排序。
- Step4：按照上述排序遍历所有没有被分配的路口，找到拥有管辖权的所有交巡警服务平台。
- Step5：计算拥有管辖权的交巡警服务平台当前已经承担的工作量，将此路口分配至当前工作量最低的交巡警服务平台进行管辖。

虽然上述方法不能保障得到的结果为全局最优解，但可在有限时间内收敛到令人满意的局部最优解，程序如下所示：

```
MATLAB代码

%读取数据
T=xlsread('data1.xlsx');
p=xlsread('data2.xlsx');
```

```
C=[];%记录已经完成分配的路口标号
work=zeros(1,20); %记录20个交巡警服务平台分配的工作量
Z=zeros(20,92);
%按照工作量从大到小分配
[~,temp5]=sort(p*(-1));
%将本身设有交巡警服务平台的路口分配给本身平台
for i=1:20
    Z(i,i)=1;
    C=[C,i]; %更新路口标号
    work(i)=work(i)+p(i); %更新工作量
end
%检查每个路口是否只有一个交巡警服务平台拥有管辖权，进行分配
for i=21:92
temp1=find(T(:,i)==1);
if length(temp1)==1
    Z(temp1,i)=1;
    C=[C,i]; %更新路口标号
    work(i)=work(i)+p(i); %更新工作量
end
end
%按照路口的工作量从大到小进行分配
for k=1:92
    i=temp5(k);
    if sum(Z(:,i))==0
        temp3=find(T(:,i)==1);
        %找到拥有管辖权的平台中目前工作量最低的，将路口分配给其
        [~,temp4]=min(work(temp3));
        Z(temp3(temp4),i)=1;
        C=[C,i];
        work(temp3(temp4))=work(temp3(temp4))+p(i);
    end
end
```

　　运行如上程序，结果显示目标函数值与LINGO软件结果相同，交巡警服务平台的工作量极差最优值为6.9，即工作量最多的交巡警服务平台比工作量最少的交巡警服务平台工作量高6.9。但MATLAB软件得到的决策变量与LINGO软件结果不同，具体结果如表3-8所示。

表3-8　具体运算结果表

交巡警服务平台位置标号	管辖范围内的路口位置标号
1	1,42,43,64,68,77,80
2	2,39,40,66,73,78
3	3,44,54,55,67,76
4	4,57,58,60,62,63,65
5	5,47,49,52,53
6	6,48,50,51,56,59
7	7,30,61
8	8,32,37,45
9	9,34,35,46
10	10
11	11,26,27
12	12,25
13	13,21,22,23,24
14	14
15	15,28,29,31
16	16,33,36,38
17	17,40,70,72
18	18,74,85,88,89,90
19	19,69,71,75,79,81,83
20	20,82,84,86,87,91,92

也可以在Python软件上采用相同想法实现该模型，输入程序如下所示：

Python代码

```
import numpy as np
import pandas as pd
filename1 = 'data1.xlsx'
filename2 = 'data2.xlsx'
data1=pd.read_excel(filename1,header=None)
data2=pd.read_excel(filename2,header=None)
data1=np.array(data1)
C=[];
```

```
work=np.zeros(20);
Z=np.zeros([20,92]);
data2=np.array(data2);
b=data2.reshape(92);
c=np.argsort(-b)
#将本身设有交巡警服务平台的路口分配给本身平台
for i in range(20):
    Z[i,i]=1;
    C.append(i);
    work[i]+=b[i];
#检查每个路口是否只有一个交巡警服务平台拥有管辖权,进行分配
for i in range(21,92):
    if sum(data1[:,i])==1:
        temp1=np.where(data1[:,i]==1);
        temp2=temp1[0][0];
        Z[temp2,i]=1;
        C.append(i)
        work[temp2]+=b[i];
#按照路口的工作量从大到小进行分配
for k in range(92):
    i=c[k];
    if sum(Z[:,i])==0:
        temp1=np.where(data1[:,i]==1);
        temp2=temp1[0][:]
        temp3=work[temp2];
        temp4=np.where(temp3==min(temp3))
        temp5=temp4[0][0]
        Z[temp2[temp5]][i]=1;
        C.append(i);
        work[temp2[temp5]]+=b[i];
print(max(work)-min(work))
```

运行如上程序，结果显示目标函数值与LINGO和MATLAB软件得到的结果相同：交巡警服务平台的工作量极差最优值为6.9，即工作量最多的交巡警服务平台比工作量最少的交巡警服务平台工作量高6.9。路口节点的分配方案与MATLAB软件得到的结果相同。

3.5 智能RGV动态调度策略的整数规划案例

图3-6是一个智能加工系统的示意图，由8台计算机数控机床（Computer Number Controller，CNC）、1辆轨道式自动引导车（Rail Guide Vehicle，RGV）、1条RGV直线轨道、1条上料传送带、1条下料传送带等附属设备组成。RGV是一种无人驾驶、能在固定轨道上自由运行的智能车。它根据指令能自动控制移动方向和距离，并自带一个机械手臂、两只机械手爪和物料清洗槽，能够完成上下料及清洗物料等作业任务（参见原题附件）。

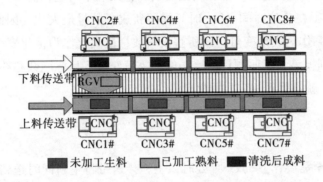

图3-6 智能加工系统

一道工序的物料加工作业情况为每台CNC安装同样的刀具，物料可以在任意一台CNC上加工完成；对一般问题进行研究，给出RGV动态调度模型完成一道工序的物料加工作业。注：每班次连续作业8小时。智能加工系统作业参数数据表如表3-9所示。

表3-9 智能加工系统作业参数数据表

系统作业参数	时间
RGV移动1个单位所需时间	20秒
RGV移动2个单位所需时间	33秒
RGV移动3个单位所需时间	46秒
CNC加工完成一个一道工序的物料所需时间	560秒
RGV为CNC1#，CNC3#，CNC5#，CNC7#一次上下料所需时间	28秒
RGV为CNC2#，CNC4#，CNC6#，CNC8#一次上下料所需时间	31秒
RGV完成一个物料的清洗作业所需时间	25秒

说明 本例题改编于2018年全国大学生数学建模竞赛B题，相关附件数据可以在官网历年赛题栏目下载（http://www.mcm.edu.cn）。

问题分析

在该工作环境下，每台CNC都安装相同的刀具，进行相同的加工工序，每一个生料均需任意选择一台CNC完成一道工序加工并由RGV清洗后方可成料。当所有CNC处于加工状态时，RGV完成当前指令后，CNC将在相当长一段时间内不会对RGV发出上料需求信息；当CNC再次对RGV发出上料需求信息时，RGV将从上一指令完成位置执行移动指令。为提高工作效率，尽可能增加一班次内成料数量，RGV将在完成清洗工作后移动至下一个待加工CNC处。

通过问题解读可发现这是一个经典且复杂的整数规划问题，需要建立模型合理地调度RGV路径使得在单位时间（8小时）内所获成料数量最大化。因此，取RGV与CNC之间指派关系作为决策变量，以所获成料数量最大化作为优化模型的目标函数，从而建立整数规划模型。按照题目所给条件将决策变量、目标函数和约束条件用数学符号及公式表示，就可得到相应的数学模型。

模型假设

1. RGV运行至需要作业的CNC处时，上料传送带将生料同时送到该CNC前方，下料传送带将清洗后的成料立即送走；
2. RGV在移动、上下料、清洗等操作过程中不会中途停止；
3. 在系统的初始时刻，RGV位于CNC1#与CNC2#处。

模型设计

按照优化模型的三要素（决策变量、目标函数、约束条件）建立数学模型。在智能加工系统中，调度1台RGV对两边排列的8台CNC进行上下料、洗料。在时刻k，RGV与CNC工作台之间的指派关系可以利用0-1变量进行表达，其元素含义如下：

$$x_i^k = \begin{cases} 1, & 在时刻k, 指派RGV前往第i台CNC上料 \\ 0, & 在时刻k, 不派RGV前往第i台CNC上料 \end{cases}$$

同时，RGV上下料时需要考虑CNC已有物料配置状态，从而确定是否能生产成料。引入0-1变量表示第i台CNC的配料情况，其元素含义如下：

$$y_i^k = \begin{cases} 1, & 在时刻k, 第i台CNC有物料 \\ 0, & 在时刻k, 第i台CNC没有物料 \end{cases}$$

假设在初始时刻（$k=0$），所有CNC台上都没有物料，即$y_i^0=0, i=1,2,\cdots,8$。由于RGV在CNC的上料、下料在同一个阶段完成，故CNC配置物料后将一直保持有物料状态。

$$y_i^k = \begin{cases} 1, \max_k \{x_i^k\} = 1 \\ 0, \max_k \{x_i^k\} = 0 \end{cases}$$

在时刻 k，RGV可以生产得到的成料数量表示为 $l_k = \sum_{i=1}^{8} x_i^k y_i^k$。因此，将8小时内生产成料总数量作为优化模型的目标函数，可表示如下：

$$\max \sum_{k=1}^{8 \times 3600} \sum_{i=1}^{8} x_i^k y_i^k$$

在确立目标函数后，决策变量取值还受到如下限制：

在任意时刻，RGV最多只能对1台CNC进行上下料以及洗料工作，即

$$\sum_{i=1}^{8} x_i^k \leqslant 1, \quad k = 1, 2, 3, \cdots, 8 \times 3600$$

记RGV在第 i 台CNC的上料时间为 a_i，其数据由题给表格获取并满足如下分段函数：$a_i = \begin{cases} 28, i = 1, 3, 5, 7 \\ 31, i = 2, 4, 6, 8 \end{cases}$；记每台CNC的加工时间为常数 $b = 560$。对于第 i 台CNC而言，在上下料过程中不再向RGV发送请求加工任务信息。因此，决策变量符合如下条件：

$$\sum_{k=t}^{t+a_i+b-1} x_i^k \leqslant 1, i = 1, 2, 3, 4, 5, 6, 7, 8; t = 1, 2, 3, \cdots, 8 \times 3600$$

如果决策变量 x_i^n 与 x_i^m 满足如下关系，则说明时刻 n 与时刻 m 是RGV两次相邻的上料时刻。

$$\begin{cases} \sum_{k=n}^{m} \sum_{i=1}^{8} x_i^k = 2 \\ \sum_{i=1}^{8} x_i^n \sum_{i=1}^{8} x_i^m = 1 \end{cases}, n = 1, 2, \cdots; m = 1, 2, \cdots$$

第一项公式表示RGV在时刻 n 与时刻 m 间有且仅有2次指派上料工作；第二项公式表示RGV在时刻 n 与时刻 m 都进行了上料工作。因此，上述方程组可以说明时刻 n 与时刻 m 是RGV两次相邻的上料时刻。

对于RGV而言，相邻两次上料时间间隔应大于上下料时间、洗料时间、等待时间以及移动时间。为提高RGV的工作效率，RGV可在洗料结束后直接赶往下一处CNC进行上下料工作，而非等CNC空闲后才开始进行移动。

在RGV上料时刻 m，RGV的位置可以表示为 $\sum_{i=1}^{8} i \times x_i^m$；在RGV上料时刻 n，RGV的位置可以表示为 $\sum_{i=1}^{8} i \times x_i^n$。RGV移动时间可由小车起始位置以及终点位置确

定，即 $f(\sum_{i=1}^{8} i \times x_i^m, \sum_{i=1}^{8} i \times x_i^n)$。函数对应关系可由题目所提供表格获取。记RGV洗料时间为常数 $c=25$，RGV在洗料完成后直接移动至下一个CNC处进行上料。此时，下一处CNC可能仍然处于加工状态。因此，RGV的等待时间应取移动时间以及下一次CNC剩余加工时间的较大者。在时刻 r，第 i 台CNC的上一轮上料时间可以表示为 T_i^r，计算方式如下：

$$T_i^r = \max_{x_i^j=1} j, r=1,2,3,\cdots$$

RGV需要赶到的位置可以表示为 $\sum_{i=1}^{8} i \times x_i^m$，在RGV移动前还剩余的加工时间可以表示为 $b-\left(n-T^n_{\sum_{i=1}^{8} i \times x_i^m}\right)$，故

$$m-n \geqslant \max\left\{\left(b-\left(n-T^n_{\sum_{i=1}^{8} i \times x_i^m}\right)\right), f\left(\sum_{i=1}^{8} i \times x_i^m, \sum_{i=1}^{8} i \times x_i^n\right)\right\} + c$$

综上所述，所建立的RGV智能调度的优化模型如下：

$$\max \sum_{j=1}^{8 \times 3600} \sum_{i=1}^{8} x_i^k y_i^k$$

$$\text{s.t.} \begin{cases} \sum_{i=1}^{8} x_i^k \leqslant 1, k=1,2,3,\cdots,8 \times 3600 \\ m-n \geqslant \max\left\{\left(b-\left(n-T^n_{\sum_{i=1}^{8} i \times x_i^m}\right)\right), f\left(\sum_{i=1}^{8} i \times x_i^m, \sum_{i=1}^{8} i \times x_i^n\right)\right\} + c \\ \sum_{k=t}^{t+a_i+b-1} x_i^k \leqslant 1, i=1,2,3,4,5,6,7,8; t=1,2,3,\cdots,8 \times 3600 \\ T_i^r = \max_{x_i^j=1} j, r=1,2,3,\cdots \\ x_i^k \in \{0,1\} \end{cases}$$

本例题是一个复杂度非常高的整数非线性规划模型，不适于调用软件直接求解或者采用遍历思想求最优解。类似于上述模型，不便利用LINGO软件求解，MATLAB软件和Python软件也没有现成的函数命令可以调用。因此，可考虑利用贪婪算法等近似算法求局部最优解。该题可作为思考题，请读者自行设计程序解决如上整数规划模型。

感兴趣的读者可以尝试进一步完成2018年全国大学生数学建模竞赛B题的其他内容。

本章小结

按照目标函数与约束条件的函数形式，整数规划模型可以分为整数线性规划模型以及整数非线性规划模型。虽然可以遵循决策变量、目标函数、约束条件的方式建立整数规划模型，但是求解整数规划模型是一件困难的事情。对于整数线性规划模型而言，三种软件都可以很方便地进行求解。对于求解整数非线性规划模型而言，LINGO软件具有较强的优势，因为只需在LINGO软件输入正确的数学模型，并不需要关注求解算法，而MATLAB和Python软件求解整数非线性规划模型都需要设计算法，这无疑对读者提出了更高的要求。建议感兴趣的读者参考相关书籍学习贪婪算法、回溯法等相关内容，将有助于求解形式更为复杂的优化问题。

习　题

1.编程求解以下整数规划模型（程序语言类型不作要求）。

$$\min z = 2x_1 + 5x_2 + 3x_3 + 4x_4$$

$$\text{s.t.}\begin{cases} -4x_1 + x_2 + x_3 + x_4 \geqslant 0 \\ -2x_1 + 4x_2 + 2x_3 + 4x_4 \geqslant 4 \\ x_1 + x_2 - x_3 + x_4 \geqslant 1 \\ x_1, x_2, x_3, x_4 = 0\text{或}1 \end{cases}$$

2.有一场由四个项目（高低杠、平衡木、跳马、自由体操）组成的女子体操团体赛，赛程规定：每个队至多允许10名运动员参赛，每一个项目可以有6名选手参加。每个选手参赛的成绩评分从高到低依次为10，9.9，9.8，…，0.1，0。每个代表队的总分是参赛选手所得总分之和，总分最多的代表队为优胜者。此外，还规定每个运动员只能参加全能比赛（四项全参加）与单项比赛两类中的一类，参加单项比赛的每个运动员至多只能参加三项单项。每个队应有4名运动员参加全能比赛，其余运动员参加单项比赛。

现某代表队的教练已经对其所带领的10名运动员参加各个项目的成绩进行大量测试，教练发现每个运动员在每个单项上的成绩稳定在4个得分点（如表3-10所示），她们得到这些成绩的相应概率也由统计得出（见表3-10中第二个数据。如：8.4～0.15表示取得8.4分的概率为0.15）。试解答以下问题：

（1）每个选手的各单项得分按最悲观估算，在此前提下，请为该队排出一个出场阵容，使该队团体总分尽可能得高。

（2）若对以往的资料及近期各种信息进行分析得：本次夺冠的团体总分估计不少于236.2分，该队为了夺冠应排出怎样的阵容？以该阵容出战，其夺冠前景如何？得分前景（即期望值）又如何？

表3-10　运动员各项目得分及概率分布表

	1（高低杠）		2（平衡木）		3（跳马）		4（自由体操）	
1	8.4	0.15	8.4	0.10	9.1	0.10	8.7	0.10
	9.0	0.50	8.8	0.20	9.3	0.10	8.9	0.20
	9.2	0.25	9.0	0.60	9.5	0.60	9.1	0.60
	9.4	0.10	10	0.10	9.8	0.20	9.9	0.10
2	9.3	0.10	8.4	0.15	8.4	0.10	8.9	0.10
	9.5	0.10	9.0	0.50	8.8	0.20	9.1	0.10
	9.6	0.60	9.2	0.25	9.0	0.60	9.3	0.60
	9.8	0.20	9.4	0.10	10	0.10	9.6	0.20
3	8.4	0.10	8.1	0.10	8.4	0.15	9.5	0.10
	8.8	0.20	9.1	0.50	9.0	0.50	9.7	0.10
	9.0	0.60	9.3	0.30	9.2	0.25	9.8	0.60
	10	0.10	9.5	0.10	9.4	0.10	10	0.20
4	8.1	0.10	8.7	0.10	9.0	0.10	8.4	0.10
	9.1	0.50	8.9	0.20	9.4	0.10	8.8	0.20
	9.3	0.30	9.1	0.60	9.5	0.50	9.0	0.60
	9.5	0.10	9.9	0.10	9.7	0.30	10	0.10
5	8.4	0.15	9.0	0.10	8.3	0.10	9.4	0.10
	9.0	0.50	9.2	0.10	8.7	0.10	9.6	0.10
	9.2	0.25	9.4	0.60	8.9	0.60	9.7	0.60
	9.4	0.10	9.7	0.20	9.3	0.20	9.9	0.20
6	9.4	0.10	8.7	0.10	8.5	0.10	8.4	0.15
	9.6	0.10	8.9	0.20	8.7	0.10	9.0	0.50
	9.7	0.60	9.1	0.60	8.9	0.50	9.2	0.25
	9.9	0.20	9.9	0.10	9.1	0.30	9.4	0.10

	1（高低杠）		2（平衡木）		3（跳马）		4（自由体操）	
7	9.5	0.10	8.4	0.10	8.3	0.10	8.4	0.10
	9.7	0.10	8.8	0.20	8.7	0.10	8.8	0.10
	9.8	0.60	9.0	0.60	8.9	0.60	9.2	0.60
	10	0.20	10	0.10	9.3	0.20	9.8	0.20
8	8.4	0.10	8.8	0.05	8.7	0.10	8.2	0.10
	8.8	0.20	9.2	0.05	8.9	0.20	9.3	0.50
	9.0	0.60	9.8	0.50	9.1	0.60	9.5	0.30
	10	0.10	10	0.40	9.9	0.10	9.8	0.10
9	8.4	0.15	8.4	0.10	8.4	0.10	9.3	0.10
	9.0	0.50	8.8	0.10	8.8	0.20	9.5	0.10
	9.2	0.25	9.2	0.60	9.0	0.60	9.7	0.50
	9.4	0.10	9.8	0.20	10	0.10	9.9	0.30
10	9.0	0.10	8.1	0.10	8.2	0.10	9.1	0.10
	9.2	0.10	9.1	0.50	9.2	0.50	9.3	0.10
	9.4	0.60	9.3	0.30	9.4	0.30	9.5	0.60
	9.7	0.20	9.5	0.10	9.6	0.10	9.8	0.20

3. 随着信息时代的到来，网络成为人们生活中越来越不可或缺的元素之一。许多网站利用其强大的资源和知名度，面向其会员群提供日益专业化和便捷化的服务。例如，音像制品在线租赁就是一种可行服务。这项服务充分发挥网络的诸多优势，包括传播范围广泛、直达核心消费群、强烈的互动性、感官性强、成本相对低廉等，为顾客提供更为周到的服务。

考虑如下的在线DVD租赁问题。顾客缴纳一定数量的月费成为会员，订购DVD租赁服务。会员对哪些DVD有兴趣，只要在线提交订单，网站就会通过快递的方式尽可能满足会员要求。会员提交的订单包括多张DVD，单按其偏爱程度将这些DVD排序。网站会根据现有的DVD数量和会员的订单进行分发。每个会员每月租赁次数不得超过2次，每次获得3张DVD。会员看完3张DVD之后，只需将DVD放进网站提供的信封寄回（邮费由网站承担），就可以继续下次租赁。请考虑以下问题：

（1）网站正准备购买一些新的DVD，通过问卷调查了1000名会员，得到愿意观看这些DVD的人数（表3-11给出其中5种DVD数据）。此外，历史数据显示，60%

的会员每月租赁DVD2次，而另外40％的会员只租一次。假设网站现有10万名会员，对表中的每种DVD来说，应该至少准备多少张才能保证希望看到该DVD的会员中至少有50％在一个月内能够看到该DVD？如果要求保证在3个月内至少95％的会员能够看到该DVD呢？

（2）表3-12列出网站上100种DVD的现有张数和当前需要处理的1000名会员的在线订单（表数据格式示例如表3-12，具体数据请从竞赛官网下载），如何对这些DVD进行分配，才能使会员获得最大满意度？请具体列出前30名会员（即C0001～C0030）分别获得了哪些DVD。

（3）继续考虑表3-12，并假设表中DVD的现有数量全部为0。如果你是网站经营管理人员，你会如何决定每种DVD的购买量，以及如何对这些DVD进行分配，才能使1个月内95％的会员得到他想看的DVD，并且满意度最大？

（4）如果你是网站经营管理人员，你觉得在DVD的需求预测、购买和分配中还有哪些重要问题值得研究？请明确提出你的问题，并尝试建立相应的数学模型。

表3-11　对1000个会员调查的部分结果

DVD名称	DVD1	DVD2	DVD3	DVD4	DVD5
愿意观看的人数	200	100	50	25	10

表3-12　现有DVD张数和当前需要处理的会员的在线订单（表格格式示例）

DVD编号		D001	D002	D003	D004	…
DVD现有数量		10	40	15	20	…
会员在线订单	C0001	6	0	0	0	…
	C0002	0	0	0	0	…
	C0003	0	0	0	3	…
	C0004	0	0	0	0	…
	…	…	…	…	…	…

注　D001～D100表示100种DVD，C0001～C1000表示1000名会员，会员的在线订单用数字1，2，…表示，数字越小表示会员的偏爱程度越高，数字0表示对应的DVD当前不在会员的在线订单中。

说明　本例题改编于2005年全国大学生数学建模竞赛B题，相关附件数据可以在官网历年赛题栏目进行下载（http://www.mcm.edu.cn）。

第4章 多目标规划模型

本章学习要点

1. 理解多目标规划模型的基本概念，树立建多目标规划模型的意识；
2. 掌握如何将多目标规划模型转化为单目标规划模型，并分析各种转化方法的优劣。

4.1 多目标规划模型的基础知识

多目标规划问题是数学规划的一个重要分支！研究多于一个目标函数在给定区域上的最优化问题就是多目标规划。在例如经济、管理、军事、科学和工程设计等领域的很多实际问题中，往往难以用单一指标衡量一个方案的优劣程度，而需要考虑从多个维度对目标进行比较。但是，这些目标函数有时不甚协调，甚至是矛盾的。因此，有许多学者致力于此类问题的研究。1896年，法国经济学家帕雷托最早研究这类不可比较目标的优化问题，而后许多数学家也开始进行深入的探讨，但尚未形成一个完全令人满意的定义。

将多目标规划模型转化为单目标规划模型是求解多目标规划问题的主要方式。常用的方法为评价函数法，即根据决策者提供的偏好信息构造一个实函数 $u[f(x)]$（称为效用函数），使得求多目标规划模型的满意解等价于求以该实函数为新目标函数的单目标规划问题的最优解。评价函数法的基本思想是：借助几何或应用中的直观效果，构造评价函数 $u[f(x)]$，将多目标优化问题转化为单目标优化问题；然后利用单目标规划问题的求解方法求出最优解，并将这种最优解当作多目标规划问题的最优解。这里的关键问题在于转化后的单目标规划问题的最优解必须是多目标规划问题的有效解或弱有效解。

其中，构造效用函数的方法有很多，如线性加权法、变权加权法、指数加权法、极大极小法、理想点法、加权偏差函数法、费效比函数、功效系数函数、参考目标法和分层序列法。

下面将以一个双目标规划模型为例对几种常见的方法进行详细说明。

$$\begin{cases} \min f(x) \\ \min g(x) \end{cases}$$

$$\text{s.t.} \begin{cases} H(x) \geqslant 0 \\ G(x) = 0 \end{cases}$$

线性加权法是一类被广为使用的将多目标规划模型转化为单目标规划模型的方法。此类方法的核心在于构造一组合理的权重向量 $W = [w_1, w_2]$，使得求解原多目标优化模型的最优解可以转化为求如下单目标优化模型的最优解。

$$\min w_1 f_1(x) + w_2 f_2(x)$$

$$\text{s.t.} \begin{cases} H(x) \geqslant 0 \\ G(x) = 0 \\ w_1 + w_2 = 1 \end{cases}$$

其中，权重向量可视为决策者对多个目标函数的重视程度，即权重越大说明该目标函数越重要。此类方法的难点及重点在于如何构造权重向量使其具有较强的可解释性。此外，采用线性加权时，需要重视多个目标函数的数量级以及量纲，使其具备可加性。

相较于线性加权法，理想点法过程更为复杂。采用理想点法求解双目标规划模型可以分为如下三个步骤：

Step1：分别求解多目标规划模型中每个目标函数所形成的单目标规划模型。求解规划模型如下：

$$\min f(x)$$

$$\text{s.t.} \begin{cases} H(x) \geqslant 0 \\ G(x) = 0 \end{cases}$$

采用前几章所介绍的方法求解如上单目标规划模型，得到决策变量 $x = x_1$ 时，目标函数达到最优值，记为 $f^* = f(x_1)$。

Step2：求解第二个目标函数形成的优化模型如下：

$$\min g(x)$$

$$\text{s.t.} \begin{cases} H(x) \geqslant 0 \\ G(x) = 0 \end{cases}$$

采用前几章所介绍的方法求解如上单目标规划模型，得到决策变量 $x = x_2$ 时，目标函数达到最优值，记为 $g^* = g(x_2)$。

如果 $x_1 = x_2$，说明存在同一种决策方案使得两个目标同时达到最优状态。但是，往往达不到如上条件，即 $x_1 \neq x_2$。此时，可以将两个目标函数取值视为二维空间中的一个点，即 $(f(x), g(x))$。而点 $(f(x_1), g(x_2))$ 是无论采取何种决策都达不到的理想点。基于这样的想法，可进入第三步构造新的目标函数。

Step3: 构造一个距离理想点程度的评价函数,从而将多目标规划模型转化为单目标规划模型,求解如下模型:

$$\min\left(\left|\frac{g(x)-g^*}{g^*}\right|+\left|\frac{f(x)-f^*}{f^*}\right|\right)$$

$$\text{s.t.}\begin{cases}H(x)\geqslant 0\\G(x)=0\end{cases}$$

其中,目标函数可用于衡量决策方案点$(f(x),g(x))$与理想点(f^*,g^*)之间的差距,而分母中g^*以及f^*可用于达到去量纲、去数量级的目的。

此类方法的难点在于当目标函数较多时,理想点法的过程过于复杂,每一个目标函数都要进行一次最优化求解过程,计算工作量非常大!

当多个目标函数之间的重要性有明显层次时,可考虑采用分层序列法将多目标规划模型转化为单目标规划模型。如果两个目标函数中,$f(x)$的重要性明显高于$g(x)$的重要性,则将$f(x)$称为主目标函数,而$g(x)$称为次目标函数。从而,将双目标规划模型按照如下两个过程转化为单目标规划模型。

Step1: 求解主目标函数构成的优化模型如下:

$$\min f(x)$$

$$\text{s.t.}\begin{cases}H(x)\geqslant 0\\G(x)=0\end{cases}$$

采用前几章所介绍的方法求解如上单目标规划模型,得到决策变量$x=x_1$时,目标函数达到最优值,记为$f^*=f(x_1)$。

Step2: 求解次目标函数构成的优化模型如下:

$$\min g(x)$$

$$\text{s.t.}\begin{cases}H(x)\geqslant 0\\G(x)=0\\f(x)=f^*\end{cases}$$

其中,在约束条件中添加新的条件$f(x)=f^*$。这一约束条件可保障在主目标函数达到最优值前提下,寻找次目标函数的最优解。分层序列法求解多目标规划模型所获得的最优解,也一定是主目标函数的最优解。此方法仅限于存在多组决策变量可达主目标最优值的情况。

如果多个目标函数之间的重要性有明显层次时,也可考虑采用参考目标法。对次目标函数$g(x)$设定一个期望值g_0,在要求满足该期望值基础上,求主目标函数构成的优化模型最优解,从而实现将多目标规划模型转化为单目标规划模型。

$$\min f(x)$$

$$\text{s.t.} \begin{cases} H(x) \geqslant 0 \\ G(x) = 0 \\ g(x) \leqslant g_0 \end{cases}$$

当多于两个目标函数时，可以采用相同的数学思想对上述方法进行推广。当目标函数较多时，也可以采用逼近理想解法将多目标规划模型转化为单目标规划模型，这也是理想点法的推广模型。在多目标规划问题的决策过程中，决策者总是希望找到所有属性指标都最优的解，即希望尽可能地远离各属性指标都最劣的解。将所有属性指标都处于最优的解称为正理想解，将所有属性指标都处于最劣的解称为负理想解。如在最小化问题中，第 n 个目标函数的正理想解 f_n^+ 以及负理想解 f_n^- 如下：

$$\begin{cases} f_n^+ = \min f_n(x) \\ f_n^- = \max f_n(x) \end{cases}, n = 1, 2, \cdots, N$$

若某个方案在决策变量的作用下最接近正理想解，而又最远离负理想解，则该方案就可以认为是决策问题的最优解。采用欧式距离度量在决策变量 X 作用下与正理想解、负理想解的贴近程度。

$$\begin{cases} d^+(x) = \sqrt{\sum_{n=1}^{N} (f_n(x) - f_n^+)^2} \\ d^-(x) = \sqrt{\sum_{n=1}^{n} (f_n(x) - f_n^-)^2} \end{cases}$$

从而，可以转化为单目标规划模型：

$$\max \frac{d^-(x)}{d^-(x) + d^+(x)}$$

$$\text{s.t.} \begin{cases} H(x) \geqslant 0 \\ G(x) = 0 \end{cases}$$

4.2 选课策略的多目标规划案例

某学校规定，运筹学专业的学生毕业时必须至少学过2门数学课程、3门运筹学课程和2门计算机课程。这些课程的编号、名称、学分、所属类别和先修课程要求如表4-1所示。如果某个学生既希望选修课的数量少，又希望所获得的学分多，他可以选择哪些课程？

表4-1 课程信息表

课程编号	课程名称	学分	所属类别	先修课程要求
1	微积分	5	数学	
2	线性代数	4	数学	
3	最优化方法	4	数学，运筹学	微积分，线性代数
4	数据结构	3	数学，计算机	计算机编程
5	应用统计	4	数学，运筹学	微积分，线性代数
6	计算机模拟	3	计算机，运筹学	计算机编程
7	计算机编程	2	计算机	
8	预测理论	2	运筹学	应用统计
9	数学实验	3	运筹学，计算机	微机分，线性代数

问题分析

所谓先修课程要求指若选择某门课程必须选择与其对应的所有先修课程。例如，"最优化方法"课程有两门先修课程要求，即"微积分"以及"线性代数"，说明如果某同学选择"最优化方法"课程，则他必须同时选择"微积分"和"线性代数"两门课程。同时，表4-1中有部分课程有多种课程属性，如最优化方法的属性为数学和运筹学，说明如果某同学选择了"最优化方法"课程，则意味着他选择了一门数学课程以及一门运筹学课程。问题要求在满足毕业条件的基础上确定较少的课程，又能获得较多的学分。这是一个标准的多目标规划问题。按照题目所给条件将决策变量、目标函数和约束条件用数学符号及公式表示出来，就可得到相应的数学模型。

模型设计

按照优化模型的三要素（决策变量、目标函数、约束条件）建立数学模型。引入 $0-1$ 决策变量 $\boldsymbol{X}=(x_m)_{1\times 9}$ 表示是否选择题给表格数据中第 m 门功课，其元素含义如下：

$$x_m=\begin{cases}1,\text{选择题给表格数据中第}m\text{门功课}\\0,\text{不选择题给表格数据中第}m\text{门功课}\end{cases},m=1,2,\cdots,9$$

如果某学生既希望选修课程数少又希望所获得的学分数尽可能得多，则可形成以下两个目标函数：

$$\begin{cases} \min \sum_{m=1}^{9} x_m \\ \max \sum_{m=1}^{9} c_m x_m \end{cases}$$

其中，c_m 表示数据中编号 m 的课程所对应的学分。

在确立目标函数后，决策变量取值受到毕业要求、先修课程以及变量属性的限制。

• **毕业要求的限制**：每名学生最少要学习 2 门数学课程、3 门运筹学课程和 2 门计算机课程。根据表 4-1 中每门课程所属类别的划分，这一约束条件可表示为

$$\begin{cases} x_1 + x_2 + x_3 + x_4 + x_5 \geqslant 2 \\ x_3 + x_5 + x_6 + x_8 + x_9 \geqslant 3 \\ x_4 + x_6 + x_7 + x_9 \geqslant 2 \end{cases}$$

• **先修课程的限制**：某些课程有先修课程的要求。例如"数据结构"的先修课程是"计算机编程"，这意味着如果 $x_4 = 1$，则必须 $x_7 = 1$，这个条件可以表示为 $x_4 \leqslant x_7$。"最优化方法"的先修课是"微积分"和"线性代数"的条件可表示为 $x_3 \leqslant x_1$，$x_3 \leqslant x_2$，也可以表示为 $2x_3 - x_1 - x_2 \leqslant 0$。因此，所有课程的先修课程要求表示为如下约束条件：

$$\begin{cases} 2x_3 - x_1 - x_2 \leqslant 0 \\ x_4 - x_7 \leqslant 0 \\ 2x_5 - x_1 - x_2 \leqslant 0 \\ x_6 - x_7 \leqslant 0 \\ x_8 - x_5 \leqslant 0 \\ 2x_9 - x_1 - x_2 \leqslant 0 \end{cases}$$

• **变量属性的限制**：每个选择变量应是 0−1 变量，$x_m \in \{0, 1\}, m = 1, 2, \cdots, 9$。

综上所述，选课策略的多目标规划模型如下：

$$\begin{cases} \min \sum_{m=1}^{9} x_m \\ \max \sum_{m=1}^{9} c_m x_m \end{cases}$$

$$\text{s.t.} \begin{cases} x_1 + x_2 + x_3 + x_4 + x_5 \geq 2 \\ x_3 + x_5 + x_6 + x_8 + x_9 \geq 3 \\ x_4 + x_6 + x_7 + x_9 \geq 2 \\ 2x_3 - x_1 - x_2 \leq 0 \\ x_4 - x_7 \leq 0 \\ 2x_5 - x_1 - x_2 \leq 0 \\ x_6 - x_7 \leq 0 \\ x_8 - x_5 \leq 0 \\ 2x_9 - x_1 - x_2 \leq 0 \\ x_m \in \{0, 1\}, m = 1, 2, \cdots, 9 \end{cases}$$

多目标规划的目标函数相当于一个向量：$\min(Z, -W)$，表示"向量最小化"。注意，其中已通过对目标函数 W 取负号从而将最大化问题变成最小化问题。将多目标规划模型转化为单目标规划模型是求解多目标规划模型的重要方式。下面将结合选课策略模型介绍各种转化方式。

线性加权是最为简单、最常用的一种转化方法，通常需要知道决策者对每个目标的重视程度，即偏好程度（权重分别为 a，b）。在此问中，假设决策者对课程数量以及所获学分两个目标的重视程度分别为 $a = 0.7$，$b = 0.3$，则获得如下目标函数：

$$\min\left(0.7 \times \sum_{m=1}^{9} x_m - 0.3 \times \sum_{m=1}^{9} c_m x_m\right)$$

考虑到学分与课程数量两个目标的量纲不同，故需要预处理才能将两个目标函数进行求和处理。统计得到所有课程的平均学分为 3.33，修正后的目标函数如下所示：

$$\min\left(0.7 \times \sum_{m=1}^{9} x_m - \frac{0.3}{3.33} \times \sum_{m=1}^{9} c_m x_m\right)$$

最终，采用线性加权方式可将多目标规划模型转化为如下单目标规划模型：

$$\min\left(0.7 \times \sum_{m=1}^{9} x_m - \frac{0.3}{3.33} \times \sum_{m=1}^{9} c_m x_m\right)$$

$$\text{s.t.} \begin{cases} x_1 + x_2 + x_3 + x_4 + x_5 \geqslant 2 \\ x_3 + x_5 + x_6 + x_8 + x_9 \geqslant 3 \\ x_4 + x_6 + x_7 + x_9 \geqslant 2 \\ 2x_3 - x_1 - x_2 \leqslant 0 \\ x_4 - x_7 \leqslant 0 \\ 2x_5 - x_1 - x_2 \leqslant 0 \\ x_6 - x_7 \leqslant 0 \\ x_8 - x_5 \leqslant 0 \\ 2x_9 - x_1 - x_2 \leqslant 0 \\ x_m \in \{0, 1\}, m = 1, 2, \cdots, 9 \end{cases}$$

这是一个标准的纯整数线性规划模型。编写 LINGO/MATLAB/Python 程序，结果显示选择"微积分""线性代数""最优化方法""应用统计""计算机模拟""计算机编程"6 门功课可以达到毕业基本要求，并获得 22 个学分。（由于多目标规划模型往往基于单目标规划模型编写程序求解，故不在本章展示多目标规划模型的程序求解方案。）

分层序列法也是一种常用转化方法。通过问题分析发现有很多种能够满足毕业要求的选课方式。首先，建立优化模型求解满足毕业要求的最少课程数量，模型如下：

$$\min \sum_{m=1}^{9} x_m$$

$$\text{s.t.} \begin{cases} x_1 + x_2 + x_3 + x_4 + x_5 \geqslant 2 \\ x_3 + x_5 + x_6 + x_8 + x_9 \geqslant 3 \\ x_4 + x_6 + x_7 + x_9 \geqslant 2 \\ 2x_3 - x_1 - x_2 \leqslant 0 \\ x_4 - x_7 \leqslant 0 \\ 2x_5 - x_1 - x_2 \leqslant 0 \\ x_6 - x_7 \leqslant 0 \\ x_8 - x_5 \leqslant 0 \\ 2x_9 - x_1 - x_2 \leqslant 0 \\ x_m \in \{0, 1\}, m = 1, 2, \cdots, 9 \end{cases}$$

编写 LINGO/MATLAB/Python 程序，结果显示选择"微积分""线性代数""最优化方法""计算机模拟""计算机编程""数学实验"6 门功课可以达到毕业基本要求，并获得 21 个学分。但可能存在多种 6 门功课组合都能够满足毕业要求，考虑在这些组合中挑选学分最多的组合，数学模型如下：

$$\max \sum_{m=1}^{9} c_m x_m$$

$$\text{s.t.} \begin{cases} x_1 + x_2 + x_3 + x_4 + x_5 \geqslant 2 \\ x_3 + x_5 + x_6 + x_8 + x_9 \geqslant 3 \\ x_4 + x_6 + x_7 + x_9 \geqslant 2 \\ 2x_3 - x_1 - x_2 \leqslant 0 \\ x_4 - x_7 \leqslant 0 \\ 2x_5 - x_1 - x_2 \leqslant 0 \\ x_6 - x_7 \leqslant 0 \\ x_8 - x_5 \leqslant 0 \\ 2x_9 - x_1 - x_2 \leqslant 0 \\ x_1 + x_2 + x_3 + x_4 + x_5 + x_6 + x_7 + x_8 + x_9 = 6 \\ x_m \in \{0,1\}, m = 1, 2, \cdots, 9 \end{cases}$$

编写LINGO/MATLAB/Python程序，结果显示选择"微积分""线性代数""最优化方法""应用统计""计算机编程""数学实验"6门功课可以达到毕业基本要求，并获得22个学分。相较于线性加权法，分层序列法无需考虑各目标函数的偏好程度，但分层序列法的求解计算量大于线性加权法。

4.3 投资收益与风险的多目标规划案例

市场上有4种资产 $s_m(m=1,2,3,4)$ 可供选择，现有数额为 M 的资金进行一个时期的投资。这一时期内购买 s_m 的平均收益为 r_m，风险损失率为 q_m。已知投资越分散，总体风险越小。总体风险可用所有投资资产中最大的一项资产风险进行度量。

购买 s_m 时要支付交易费，费率为 p_m。当购买额不超过给定值 μ_m 时，交易费按照购买 μ_m 计算。另外，假定同期银行存款利率为 r_0，它既无交易费又无风险（ $r_0 = 5\%$ ）。投资的相关数据如表4-2所示。

表4-2 投资的相关数据

	$r_m/\%$	$q_m/\%$	$p_m/\%$	$\mu_m/$元
s_1	28	2.5	1	103
s_2	21	1.5	2	198
s_3	23	5.5	4.5	52
s_4	25	2.6	6.5	40

试给该公司设计一种投资组合方案，即用给定资金M有选择地购买若干种资产或存银行生息，既可使净收益尽可能得大，又可使总体风险尽可能得小。

问题分析

如何确定投资（包括存银行）的资产配比使得总体获利尽可能得大以及风险尽可能得小，这是一个标准的多目标优化问题。按照题目所给条件将决策变量、目标函数和约束条件用数学符号及公式表示出来，就可得到相应的数学模型。

模型假设

1.各种资产之间相互独立；
2.在投资时间内，各项参数为定值，不受意外因素影响。

模型设计

按照优化模型的三要素（决策变量、目标函数、约束条件）建立数学模型。引入$0-1$决策变量f_m表示是否投资项目s_m，其元素含义如下：

$$f_m = \begin{cases} 1, 投资项目 s_m \\ 0, 不投资项目 s_m \end{cases}$$

同时，可将投资金额分为两部分：$x_m + y_m$表示投资项目s_m的资金。其中，x_m表示投资额在$[0, \mu_m]$的部分，y_m表示投资额在$(\mu_m, +\infty)$的部分。因此，该项目收益可表示为$f_m r_m (x_m + y_m)$。由于当购买额不超过给定值μ_m时，交易费按照购买μ_m计算，交易收益费用可表示为$f_m p_m (\mu_m + y_m)$。

因此，该项目的纯收益可表示为$f_m r_m (x_m + y_m) - f_m p_m (\mu_m + y_m)$，总体收益可表示为$\sum_{m=0}^{4}(f_m r_m (x_m + y_m) - f_m p_m (\mu_m + y_m))$。由题目中已知分散投资时，投资风险可用所有投资资产中最大的一个资产风险进行度量，即$\max_m \{f_m q_m (x_m + y_m)\}$。

因此，两个目标函数（收益以及风险）表示如下：

$$\begin{cases} \max\left(\sum_{m=0}^{4}(f_m r_m (x_m + y_m) - f_m p_m (\mu_m + y_m))\right) \\ \min \max_m \{f_m q_m (x_m + y_m)\} \end{cases}$$

在确立目标函数后，决策变量取值受到资金总额以及决策变量属性的限制。

- **资金总额的限制**：项目整体花费资金不得超过项目总额，即

$$\sum_{m=0}^{4}\left(f_m(x_m+y_m)+f_m p_m(\mu_m+y_m)\right)\leqslant M$$

- **变量属性的限制**：所有变量都应是非负变量；x_m 表示投资在 $[0,\mu_m]$ 的部分，不得超过 μ_m，即

$$y_m\geqslant 0,0\leqslant x_m\leqslant\mu_m,(\mu_m-x_m)\cdot y_m=0;f_m\in\{0,1\},m=1,2,3,4$$

综上所述，投资策略的多目标规划模型如下：

$$\begin{cases}\max\left(\sum_{m=0}^{4}(f_m r_m(x_m+y_m)-f_m p_m(\mu_m+y_m))\right)\\\min\max_m\{f_m q_m(x_m+y_m)\}\\\text{s.t.}\begin{cases}\sum_{m=0}^{4}f_m(x_m+y_m)+f_m p_m(\mu_m+y_m)\leqslant M\\y_m\geqslant 0\\0\leqslant x_m\leqslant\mu_m,m=1,2,3,4\\(\mu_m-x_m)\cdot y_m=0\\f_m\in\{0,1\}\end{cases}\end{cases}$$

由于风险与利益两个目标函数的量纲不同，不适合采用线性加权的方式将多目标规划模型转化为单目标规划模型。通常采用参考目标法，即对投资者设置一个能够承受的风险上限 Q，从而将多目标规划模型转化为单目标规划模型，如下：

$$\max\sum_{m=0}^{4}f_m r_m(x_m+y_m)-f_m p_m(\mu_m+y_m)$$

$$\text{s.t.}\begin{cases}\sum_{m=0}^{4}f_m(x_m+y_m)+f_m p_m(\mu_m+y_m)\leqslant M\\\max_m\{f_m q_m(x_m+y_m)\}\leqslant Q\\y_m\geqslant 0,m=1,2,3,4\\0\leqslant x_m\leqslant\mu_m\\(\mu_m-x_m)\cdot y_m=0\\f_m\in\{0,1\}\end{cases}$$

由于多目标规划模型往往基于单目标规划模型编写程序求解，故不在此处展示上述多目标规划模型的程序求解方案。这是一个标准的非线性混合整数规划模型。设置模型参数 $M=10000$ 与 $Q=100$，编写 LINGO 程序，运行结果整理显示如下：将 4000 元用于投资 s_1，将 5843.137 元用于投资 s_2，最终收益为 2190.196 元。

对各种风险下的收益进行讨论，得到结果如图 4-1 所示。

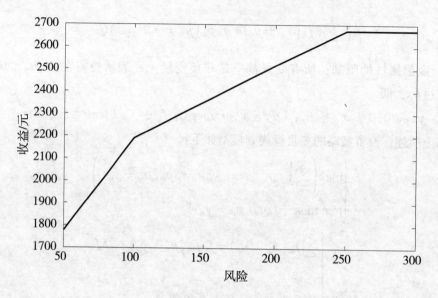

图4-1　各种风险下的收益变化曲线

从图4-1所见，当总体收益增加时，投资风险往往也在同步增加。

通过参考目标法将多目标规划模型转变为单目标规划模型时，也可以将收益作为参考目标。比如，投资者希望确保一定收益N的前提下使得投资风险最低，从而建立如下数学模型：

$$\min \max_{m} \{ f_m q_m (x_m + y_m) \}$$

$$\text{s.t.} \begin{cases} \sum_{m=0}^{4} f_m (x_m + y_m) + f_m p_m (\mu_m + y_m) \leqslant M \\ \sum_{m=0}^{4} f_m r_m (x_m + y_m) - f_m p_m (\mu_m + y_m) \geqslant N \\ y_m \geqslant 0 \\ 0 \leqslant x_m \leqslant \mu_m, m = 1, 2, 3, 4 \\ (\mu_m - x_m) \cdot y_m = 0 \\ f_m \in \{0, 1\} \end{cases}$$

这是一个标准的非线性混合整数规划模型。设置模型参数$M = 10000$与$N = 2000$，编写LINGO程序，运行结果整理显示如下：将2350.396元用于投资s_1，将3917.327元用于投资s_2，将1068.362元用于投资s_3，将2259.996元用于投资s_4，将107.0919元存储在银行。此时，在确保收益的基础上，风险最小。

4.4　交巡警服务平台的设置与调度的多目标规划案例

为更有效地贯彻实施交警的职能，需要在市区的一些交通要道和重要部位设置交巡警服务平台。试就某市设置交巡警服务平台的相关情况，建立数学模型分析研究下面的问题：

问题一：对于重大突发事件，需要调度全区20个交巡警服务平台的警力资源，对进出该区的13条交通要道实现快速全封锁。实际情况是一个平台的警力最多封锁一个路口，请给出该区交巡警服务平台警力合理的调度方案。

问题二：根据现有交巡警服务平台工作量不均衡和有些地方出警时间过长的实际情况，拟在该区内再增加2~5个平台，请确定需要增加平台的具体个数和位置。

说明　本例题改编于2011年全国大学生数学建模竞赛B题，相关附件数据可以在官网历年赛题栏目进行下载（http://www.mcm.edu.cn）。

问题一的问题分析

本例题是第3章3.4节的案例的后续内容。在第3章3.4节的案例中，要求通过最短路径算法求得所有交巡警服务平台至所有出入城区路口之间的最短距离。本题要求给出该区交巡警服务平台警力合理封锁的调度方案。通过问题解读可知：由于警车为恒速行驶，让13个出入城区路口在最短时间内全部实现封锁等同于让13条封锁路径中最长的封锁路径最短化。题中有20个交巡警服务平台以及13个出入城区的路口，且每一个交巡警服务平台能够封锁一个出入城区的路口。因此，这是一个供大于求的0—1指派问题。按照题目所给条件将决策变量、目标函数和约束条件用数学符号及公式表示出来，就可得到相应的数学模型。

问题一的模型设计

按照优化模型的三要素(决策变量、目标函数、约束条件)建立数学模型。引入0—1决策变量$X=(x_{mn})_{20\times13}$表示具体的封锁方案，其元素含义如下：

$$x_{mn}=\begin{cases}1,\text{派遣标号}m\text{的交巡警服务平台封锁标号}n\text{的出入城区路口}\\0,\text{不派标号}m\text{的交巡警服务平台封锁标号}n\text{的出入城区路口}\end{cases}$$

矩阵$D=(d_{mn})_{20\times13}$表示交巡警服务平台与出入城区路口的最短距离，可由问题分析中提及的最短路径算法获得。由于交巡警出警速度为恒速，封锁时间可以由封锁路程进行衡量。其中，标号为n的出入城区路口封锁路程可以表示为$\sum_{m=1}^{20}x_{mn}d_{mn}$。将封锁路程最长的路径最短化作为目标函数，可得如下表达：

$$\min_{n} \max \sum_{m=1}^{20} x_{mn} d_{mn}$$

注意 这里目标函数的表达方式并不唯一，也可以采用让所有交巡警服务平台出警的最长距离最小化。

在确立目标函数后，决策变量取值受到如下限制：

- 每个交巡警服务平台的警力至多封锁一个出入城区的路口，即

$$\sum_{n=1}^{13} x_{mn} \leqslant 1, m=1,2,\cdots,20$$

- 每个出入城区的路口必须有一个交巡警服务平台进行封锁，即

$$\sum_{m=1}^{20} x_{mn} = 1, n=1,2,\cdots,13$$

- 每个决策变量都是0-1变量，即 $x_{mn} \in \{0,1\}, m=1,2,\cdots,20; n=1,2,\cdots,13$。

综上所述，出入城区路口封锁的整数规划模型如下所示：

$$\min_{n} \max \sum_{m=1}^{20} x_{mn} d_{mn}$$

$$\text{s.t.} \begin{cases} \sum_{n=1}^{13} x_{mn} \leqslant 1, m=1,2,\cdots,20 \\ \sum_{m=1}^{20} x_{mn} = 1, n=1,2,\cdots,13 \\ x_{mn} \in \{0,1\}, m=1,2,\cdots,20; n=1,2,\cdots,13 \end{cases}$$

由于上述单目标规划模型较为简单，故不在此处展示该模型的程序求解方案。通过LINGO、MATLAB和Python软件求解如上模型得到最优警力调度方案可以保证在重大突发事件发生后8.01546分钟内，13个出入城区的路口节点都有1个交巡警服务平台进行封锁，可得如表4-3所示的警力调度方案。

表4-3　最长封锁路径最小化下的警力调度方案

编号	调度方案	最短路径/km	所需时间/min
1	1→38	5.88093	5.88093
2	4→62	0.35	0.35
3	5→48	2.47583	2.47583
4	6→16	6.25855	6.25855
5	7→29	8.01546	8.01546
6	8→30	3.06082	3.06082
7	10→12	7.58659	7.58659

续表

编号	调度方案	最短路径/km	所需时间/min
8	11→23	4.67510	4.67510
9	12→22	6.88254	6.88254
10	13→24	2.38537	2.38537
11	14→21	3.26497	3.26497
12	15→28	4.75184	4.75184
13	16→14	6.74166	6.74166

可能有部分读者认为上述问题是一个简单的单目标规划模型。虽然上述模型给出封锁A区时间最短的方案，模型的目标函数为最长封锁路径最短化，但是其并没有考虑其他路口如何进行封锁。下面设计一个场景进行说明：分派A、B、C三名学生封锁教室的两扇门，使封锁教室的时间最短。A到两扇门（一号门与二号门）的距离分别为3米与10米；B到两扇门的距离分别为5米与12米；C到两扇门的距离分别为6米与15米。显然，应该由A同学去封锁二号门，而一号门由哪位学生进行封锁并没有确定。虽然两种方案（A封锁二号门，B封锁一号门；A封锁二号门，C封锁一号门）的目标函数值都一样，但是这两种方案还是可以进一步区分优劣的。

虽然上述模型求得封锁整个城区的最短时间为8.01546分钟，但是其存在着多种封锁方案。因此，可以借助求解多目标规划模型的思想，将题目提及的封锁时间最短化作为主目标函数，建立封锁总路程最小化作为次目标函数，可以得到如下数学模型：

$$\min \sum_{n=1}^{13}\sum_{m=1}^{20} x_{mn}d_{mn}$$

$$\text{s.t.}\begin{cases} \sum_{n=1}^{13}x_{mn}\leqslant 1, m=1,2,\cdots,20 \\ \sum_{m=1}^{20}x_{mn}=1, n=1,2,\cdots,13 \\ \max_n \sum_{m=1}^{20}x_{mn}d_{mn}=8.01546 \\ x_{mn}\in\{0,1\}, m=1,2,\cdots,20; n=1,2,\cdots,13 \end{cases}$$

由于上述单目标规划模型较为简单，故不在此处展示该模型的程序求解方案。通过LINGO、MATLAB和Python软件求解如上模型，得到最优警力调度方案可以保证在重大突发事件发生后8.01546分钟内，13个出入城区的路口节点都有1个交巡警服务平台进行封锁，且所有交巡警警力行驶总路程最短，得到警力的调度方案如表4-4所示。

表4-4 修正后最长封锁路径最小化下的警力调度方案

编号	调度方案	最短路径/km	所需时间/min
1	2 → 38	3.98219	3.98219
2	4 → 62	0.35	0.35
3	5 → 48	2.47583	2.47583
4	7 → 29	8.01546	8.01546
5	8 → 30	3.06082	3.06082
6	9 → 16	1.53254	1.53254
7	10 → 22	7.70792	7.70792
8	11 → 24	3.80527	3.80527
9	12 → 12	0	0
10	13 → 23	0.5	0.5
11	14 → 21	3.26497	3.26497
12	15 → 28	4.75184	4.75184
13	16 → 14	6.74166	6.74166

上述封锁方案不仅可保障封锁时间最短为8.01546分钟，还可保证所有交巡警服务平台行程总和最少。

问题二的问题分析

根据现有交巡警服务平台工作量不均衡以及部分地方出警时间过长的实际情况，要求确定需要增加交巡警服务平台的数量和具体位置。这是一个标准的多目标规划模型，把交巡警服务平台的工作量均衡和出警时间最小化作为优化模型的两个目标函数。以所有交巡警服务平台管辖范围内总发案率的方差衡量工作量均衡程度，并以所有出警时间中最大值衡量出警时间。采用参考目标法，将多目标规划模型转化为单目标规划模型。采取固定出警时间最大值的一个上界 T，使得总体交巡警服务平台的工作量达到最均衡。按照题目所给条件将决策变量、目标函数和约束条件用数学符号及公式表示，就可得到相应的数学模型。

问题二的模型设计

按照优化模型的三要素（决策变量、目标函数、约束条件）建立数学模型。记 N 为增加的交巡警服务平台个数，y_n 为标号 n 的路口节点发案率。引入两个0-1变量 c_m

和 b_{mn}，其元素含义如下所示：

$$c_m = \begin{cases} 1, \text{在标号}m\text{的路口设置交巡警服务平台} \\ 0, \text{不在标号}m\text{的路口设置交巡警服务平台} \end{cases}, m=1,2,\cdots,92$$

$$b_{mn} = \begin{cases} 1, \text{标号}m\text{的路口管辖标号}n\text{的路口} \\ 0, \text{标号}m\text{的路口不管辖标号}n\text{的路口} \end{cases}, n,m=1,2,\cdots,92$$

以交巡警服务平台的工作量均衡和出警时间最小作为目标函数。以交巡警服务平台管辖范围内总发案率的方差衡量工作量均衡程度，目标函数如下所示：

$$\min_{c_m=1} \mathrm{var}\left\{\sum_{n=1}^{92} y_n b_{mn} c_m\right\}$$

其中，y_n 表示标号 n 的路口案发工作量。

以所有出警时间中最大值来衡量总体出警时间（由于警车时速恒定，故可以最长路径代替），目标函数如下所示：

$$\min \max\left\{\sum_{n=1}^{92} d_{mn} b_{mn} c_m\right\}$$

其中，矩阵 $D=(d_{mn})_{92\times 92}$ 记录所有路口之间的最短距离。

在确立目标函数后，决策变量取值受到如下限制：

- 每个路口节点都必须由一个交巡警服务平台管辖，即必须满足如下约束条件：

$$\sum_{m=1}^{92} c_m b_{mn} = 1, \ n=1,2,\cdots,92$$

- 交巡警服务平台数量为（$20+N$），且标号 1~20 的路口设置交巡警服务平台，即满足如下约束条件：

$$\begin{cases} \sum_{m=1}^{92} c_m = 20+N \\ c_m = 1, m=1,2,\cdots,20 \end{cases}$$

- 决策变量属性限制，即 $c_n \in \{0,1\}, b_{mn} \in \{0,1\}, m=1,2,\cdots,92; n=1,2,\cdots,92$。

综上所述，交巡警服务平台数量与位置优化的多目标规划模型如下所示：

$$\begin{cases} \min\limits_{c_m=1}\ \mathrm{var}\left\{\sum\limits_{n=1}^{92}y_nb_{mn}c_m\right\} \\ \min\max\left\{\sum\limits_{n=1}^{92}d_{mn}b_{mn}c_m\right\} \end{cases}$$

$$\mathrm{s.t.}\begin{cases} \sum\limits_{m=1}^{92}c_mb_{mn}=1,n=1,2,\cdots,92 \\ \sum\limits_{m=1}^{92}c_m=20+N \\ c_m=1,m=1,2,\cdots,20 \\ c_n\in\{0,1\},b_{mn}\in\{0,1\},m=1,2,\cdots,92;n=1,2,\cdots,92 \end{cases}$$

由于多目标规划模型往往基于单目标规划模型编写程序求解，故不在此处展示该多目标规划模型的程序求解方案。这是一个标准的整数非线性规划模型。第3章3.4节的案例曾介绍存在6个路口出警时间超过3分钟，故借鉴主次目标法、参考目标法求解上述多目标规划模型。当最长出警时间超过3分钟时，以最长出警时间作为主目标函数，工作量均衡作为次目标函数建立数学模型；当最长出警时间不超过3分钟时，则以3分钟作为出警时间的最大值参考，工作量均衡作为目标函数建立数学模型。

$$\min\max\left\{\sum\limits_{n=1}^{92}d_{mn}b_{mn}c_m\right\}$$

$$\mathrm{s.t.}\begin{cases} \sum\limits_{m=1}^{92}c_mb_{mn}=1,n=1,2,\cdots,92 \\ \sum\limits_{m=1}^{92}c_m=20+N \\ c_m=1,m=1,2,\cdots,20 \\ c_n\in\{0,1\},b_{mn}\in\{0,1\},m=1,2,\cdots,92;n=1,2,\cdots,92 \end{cases}$$

求解如上优化模型得到目标函数最佳值，即最长出警时间 T^*。

如果 $T^*>3$ 时，建立以工作量均衡为目标函数的优化模型如下：

$$\min\limits_{c_m=1}\ \mathrm{var}\left\{\sum\limits_{n=1}^{92}y_nb_{mn}c_m\right\}$$

$$\mathrm{s.t.}\begin{cases} \sum\limits_{m=1}^{92}c_mb_{mn}=1,n=1,2,\cdots,92 \\ \sum\limits_{m=1}^{92}c_m=20+N \\ \max\left\{\sum\limits_{n=1}^{92}d_{mn}b_{mn}c_m\right\}=T^* \\ c_m=1,m=1,2,\cdots,20 \\ c_n\in\{0,1\},b_{mn}\in\{0,1\},m=1,2,\cdots,92;n=1,2,\cdots,92 \end{cases}$$

当$T^* \leqslant 3$时，将3分钟作为出警时间最大值的参考，建立以工作量均衡为目标函数的优化模型如下：

$$\min_{c_m=1} \mathrm{var}\left\{\sum_{n=1}^{92} y_n b_{mn} c_m\right\}$$

$$\text{s.t.}\begin{cases} \sum\limits_{m=1}^{92} c_m b_{mn}=1, n=1,2,\cdots,92 \\ \sum\limits_{m=1}^{92} c_m=20+N \\ \max\left\{\sum\limits_{n=1}^{92} d_{mn} b_{mn} c_m\right\}\leqslant 3 \\ c_m=1, m=1,2,\cdots,20 \\ c_n\in\{0,1\}, b_{mn}\in\{0,1\}, m=1,2,\cdots,92; n=1,2,\cdots,92 \end{cases}$$

通过LINGO、MATLAB和Python软件求解如上模型，针对不同的N值结果如表4-5所示。

表4-5　增加不同平台个数下平台管辖范围内总发案率的方差和出警时间最大值

增加的平台数/个	平台设置点标号	发案率方差值	出警时间最大值/min
0	/	4.3401	5.701
2	29,40	4.6506	4.19
3	29,40,89	3.8295	3.604
4	29,40,89,48	3.0573	$\leqslant 3$
5	29,40,89,48,21	2.6437	$\leqslant 3$

4.5　创意平板折叠桌的多目标规划案例

某公司生产一种可折叠的桌子，桌面呈圆形，桌腿随着铰链的活动可以平摊成一张平板（如图4-2所示）。桌腿由若干根木条组成，分成两组，每组各用一根钢筋将木条连接，钢筋两端分别固定在桌腿各组最外侧的两根木条上，并且沿木条有空槽以保证滑动的自由度（如图4-3所示）。桌子外形为直纹曲面，造型美观。

试建立数学模型讨论如下问题：折叠桌的设计应做到产品稳固性好、加工方便、用材最少。对于任意给定的折叠桌高度和圆形桌面直径的设计要求，讨论长方形平板材料和折叠桌的最优设计加工参数，例如，平板尺寸、钢筋位置、开槽长度等。对于桌高70 cm，桌面直径80 cm的情形，确定最优设计加工参数。

图4-2 平板折叠桌（一）   图4-3 平板折叠桌（二）

说明 本例题改编于2014年全国大学生数学建模竞赛B题，相关附件数据可以在官网历年赛题栏目进行下载（http://www.mcm.edu.cn）。

问题分析

本题需要确定桌子加工参数使得桌子的稳固性好、加工方便、用材少。在给定桌子高度和桌面直径前提下，可调整参数包括木板长度、木板厚度、桌腿宽度以及钢筋位置。这是一个经典的多目标规划模型在工程领域中的应用案例。解读问题发现桌子的稳固性可从被压垮的难易程度、发生侧翻的难易程度以及桌腿的强度进行衡量。桌子的加工过程主要体现在桌腿的开槽过程，可从开槽的深度、开槽的长度以及开槽的宽度占桌腿厚度的比例评估桌子加工难度。因此，可以从上述指标综合评价桌子性能，从而获得桌子加工参数的最优值。按照题目所给条件将决策变量、目标函数和约束条件用数学符号及公式表示出来，就可得到相应的数学模型。

模型设计

调整桌子的加工参数使得桌子稳固性好、加工方便、用材少。这是一个典型的多目标规划问题。可以选取桌子加工参数作为优化模型的决策变量，从稳固性、加工难易程度、用材量等方面着手建立优化模型的目标函数。

稳固性表现形式： 首先，在正常承重的情况下，桌子不易被压垮；其次，在桌面一端受力时，桌子不易侧翻；另外，桌腿的粗细影响桌腿的强度，桌腿的强度越大，桌子越牢固。桌子的加工过程主要体现在对桌腿的开槽过程，槽的长度和深度决定加工难度，即槽越长，加工难度越大，槽越深，加工难度越大。同时，桌腿厚度决定空槽和桌腿表面之间的距离，距离越小，加工难度越大。在给定桌子直径的前提下，用料完全由长方形木板长度和厚度决定。

综上所述，可以使用如下指标综合评价桌子性能：不易被压垮的程度、不易侧翻的程度、桌腿的强度、木板的尺寸、开槽的长度、开槽的深度、桌腿的厚度。

指标1：考虑桌子被压垮的情况

在桌面完全展开时存在着内扣的桌腿，这些桌腿与外侧桌腿构成三角形的稳定结构对桌子稳固性起着重要的作用。在钢筋不存在的情况下，木条受重力 G_1 作用。同时，由于上端铰链对桌腿有沿桌腿方向向上的拉力 F_L，使桌腿有向外运动的趋势。为使受力平衡，钢筋对桌腿提供一个垂直桌腿向内的支持力 T。于是，钢筋受垂直桌腿向外的反作用力 T'。

外侧桌腿受力情况： 外侧桌腿受到自身重力 G_2、桌面通过铰链传递的压力 F，以及地面支撑力 N 作用。而内扣桌腿通过钢筋传递一部分重力给外侧桌腿，方向斜向下，记为 T。虽然钢筋密度比木条密度大，但由于钢筋体积远小于中间桌腿体积，故将钢筋重力忽略不计，近似地认为 T 的方向和内扣桌腿方向垂直。同时，为使外侧桌腿受力平衡，地面提供静摩擦力 f。

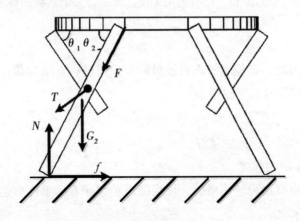

图4-4　外侧桌腿受力分析

外侧桌腿的旋转角越大，使得桌子越不容易滑倒。基于上述结论，给出评价桌子稳固性的第一个指标：

$$Z_1 = \cos\theta_1 + \sin\theta_2$$

该指标反映桌子在压力作用下桌腿被撑开的可能性。其值越大，桌子越不容易滑倒。

指标2：考虑桌子侧翻的情况

在桌子边缘受力时，桌子就有可能发生侧翻。若外侧桌腿支撑点在桌面投影以内，则桌面边缘在受力时，受力情况如图4-5所示。

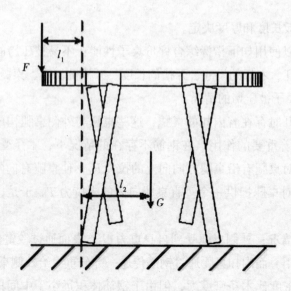

图4-5　桌子的受力分析

经分析可知，桌子本身的结构具有一定的稳固性，故在此情况下，可以认为桌子是一个刚体，并对其进行受力分析，则有力矩平衡。于是，桌面边缘所能承受的最大压力为

$$F = \frac{Gl_2}{l_1}$$

桌子的重力 G 固定，要使桌子不易被掀翻，只需使得 l_2/l_1 比值尽可能大即可。于是，得到评价桌子稳固性的第二个指标：

$$Z_2 = l_2/l_1$$

该指标越大表示桌子稳固性越好。

指标 3：考虑桌腿的强度

该折叠桌的承重桌腿为外侧桌腿，该桌腿越粗意味着承重能力越强。桌腿的粗细可以用其截面面积来表示：

$$S = H \times \Delta W$$

其中，H 表示长方形平板的厚度，ΔW 表示桌腿宽度。

当桌腿足够粗时，增加桌腿的截面面积将使其强度超过使用范围，从而使其失去意义。当桌腿截面的面积较小时，它对强度的作用力增长得较快；而当桌腿截面的面积较大时，其对强度的作用力几乎不增长。于是，我们选取桌腿强度的评价指标如下：

$$Z_3 = 1 - \left(\frac{1}{2}\right)^{H \times \Delta W}$$

该指标越大，表示桌子稳固性越好。

指标 4：考虑木板的尺寸

用料量由长方形木板的尺寸决定。在宽度 W 给定的情况下，木板尺寸由长度 L 和厚度H共同决定。从而，得出用料量的评价指标：

$$Z_4 = L \times H$$

显然，该指标越大表示桌子用料越多。

指标5：考虑开槽的长度

对于某条桌腿，设其长度为ρ，而需开槽长度为l。开槽长度越长，加工难度越大。由于桌腿长短不一，故采用相对长度衡量某条桌腿上的相对槽长。可以认为：随着相对长度增大，加工难度单调递增；相对长度越接近1，加工难度增长得越快。相对长度为0时，加工难度为0；相对长度为1时，由于桌腿已被凿穿，故加工难度无穷大。于是，使用如下函数作为评价加工难度的第一个指标：

$$Z_5 = \ln \frac{1}{1 - \dfrac{l}{\rho}}$$

该指标越大，表示加工难度越大。

指标6：考虑开槽的深度

桌腿的宽度ΔW即桌腿开槽的深度。开槽深度越大，加工难度越大。如果ΔW过小，则所需加工的桌腿数目$W/\Delta W$就会过大，使得加工难度也随之变大。因此，当开槽深度小于一定数值时，加工难度单调递减，当开槽深度大于某一值时，加工难度单调递增。于是，选取评价加工难度的第二个指标如下：

$$Z_6 = \Delta W + \frac{6.25}{\Delta W}$$

该指标越大，表示加工难度越大。

指标7：考虑桌腿的厚度

若开槽时，空槽宽度和桌腿厚度越接近，则桌腿越容易被凿断，加工难度也就越大。设钢筋直径为H_0，桌腿厚度为H。若H_0/H的值越接近1，则表示加工难度增长得越快；若H_0/H的值越接近0，则表示加工难度越小。于是，选取如下指标作为评价加工难度的第三个指标：

$$Z_7 = \ln \frac{1}{1 - \dfrac{H_0}{H}}$$

该指标越大，表示加工难度越大。

在构造以上7个目标函数后，选择用逼近理想解法将多目标规划模型转化为单目标规划模型。按照分析，我们认为桌子性能的重要性如下：稳固性>用料>加工难度。故表4-6中各类指标权重大小之和比例为8:4:3，即稳固性越大越好，用料越少越好，加工难度越小越好。为让TOPSIS统一按正理想解进行优化，取稳固性的权重为正值，用料和加工难度的权重为负值。

表4-6　多目标评价权重分析表

指标	不易压垮	不易侧翻	桌腿强度	木板尺寸	开槽长度	开槽深度	桌腿厚度
指标权重	2	3	3	−4	−1	−1	−1
所属类别		稳固性		用料		加工难度	
类别权重		8		−4		−3	

将所有属性指标都处于最优的解称为正理想解，所有属性指标都处于最劣的解称为负理想解。

首先，得到第i个目标函数的正理想解Z_i^+以及负理想解Z_i^-。然后，采用欧式距离度量在决策变量X作用下与正理想解、负理想解的贴近程度。

$$\begin{cases} d^+(X) = \sqrt{\sum_{i=1}^{7} w_i (Z_i(X) - Z_i^+)^2} \\ d^-(X) = \sqrt{\sum_{i=1}^{7} w_i (Z_i(X) - Z_i^-)^2} \end{cases}$$

其中，w_i表示第i个目标函数的权重。

最后，可以将上述7个目标函数转化为单目标规划模型如下：

$$\max \frac{d^-(X)}{d^-(X) + d^+(X)}$$

按题意取$W=80$，$h=70$的情况，取决策参数为木板长度L、木板厚度H、桌腿宽度ΔW、钢筋位置K。由于多目标规划模型往往基于单目标规划模型编写程序求解，故不在此处展示创意平板折叠桌多目标规划模型的程序求解方案。通过MATLAB和Python软件编程求解，得到加工参数的最优取值如表4-7所示。

表4-7　加工参数

参数	木板长度	木板厚度	桌腿宽度	钢筋位置
取值/cm	172	3	5.71	0.4

由对称性，只给出其中1/4的桌腿的长度和对应的开槽长度，如表4-8所示。

表4-8　桌腿长度和开槽长度

桌腿长/cm	71.1539	61.2564	55.3606	51.359	48.638	46.9292	46.1022
槽长/cm	0.0000	8.2377	14.8421	20.0132	23.8120	26.3023	27.5343

感兴趣的读者可以尝试进一步完成2014年全国大学生数学建模竞赛B题的其他内容。

本章小结

在单目标规划模型基础上，本章重点介绍多目标规划模型建立方法，其关键在于培养学生采用多目标规划思维思考问题的习惯。本章介绍线性加权法、主次目标法、理想点法、参考目标法、逼近理想解法等方式将多目标规划模型转化为单目标规划模型。虽然本章没有给出多目标规划模型求解程序，但读者完全可以依循单目标规划模型求解思路编程求解本章例题。

习 题

1.编程求解以下多目标规划模型（程序语言类型不作要求）。

$$\min f_1 = 4x_1 + x_2$$
$$\max f_2 = 3x_1 + 2x_2$$
$$\text{s.t.} \begin{cases} 2x_1 + x_2 \leqslant 4 \\ x_1 + x_2 \leqslant 3 \\ x_1, x_2 \geqslant 0 \end{cases}$$

2. 某企业拟生产 A 和 B 两种产品，其生产投资费用分别为 2100 元/吨和 4800 元/吨，A 和 B 两种产品的利润分别为 3600 元/吨和 6500 元/吨，A 产品和 B 产品每月的最大生产能力分别为 5 吨和 8 吨，市场对这两种产品需求的总量每月不少于 9 吨。试问该企业应该如何安排生产计划，才能既满足市场需求又能节约投资，而且使生产利润达到最大值？

3. 某公司考虑生产两种光电太阳能电池：产品甲和产品乙，但这两种产品在生产过程中会在空气中引起大气放射性污染。因此，公司经理有两个目标：极大化利润与极小化总放射性污染。已知在一个生产周期内，每单位甲产品的收益是 1 元，每单位乙产品的收益是 3 元。而放射性污染的数量，每单位甲产品是 1.5 个单位，每单位乙产品是 1 个单位。机器能力（小时）、装配能力（人时）和可用的原材料（单位）的限制如表 4-9 所示。试问该如何制订生产计划？

表4-9 性能数据

	机器能力/小时	装配能力/人时	可用原材料/单位
产品甲	0.5	0.2	1
产品乙	0.25	0.2	5
合计	8	4	72

4. 某厂生产三种布料 A_1、A_2、A_3，该厂两班生产，每周生产时间为80小时，能耗不得超过160吨标准煤，其他数据如表4-10所示。

表4-10 某厂生产数据

	生产数量/(米/小时)	利润/(元/米)	最大销售量/(米/周)	能耗/(吨/千米)
A_1	400	0.15	40000	1.2
A_2	510	0.13	51000	1.3
A_3	360	0.20	30000	1.4

问每周三种布料应各生产多少才能使该厂的利润最高，同时能源消耗最少？

5. 在实际生活中，由于中小微企业规模相对较小，也缺少抵押资产，因此银行通常是依据信贷政策、企业的交易票据信息和上下游企业的影响力，向实力强、供求关系稳定的企业提供贷款，并可以对信誉高、信贷风险小的企业给予利率优惠。银行首先根据中小微企业的实力、信誉对其信贷风险做出评估，然后依据信贷风险等因素确定是否放贷及贷款额度、利率和期限等信贷策略。

某银行对确定要放贷企业的贷款额度为10万~100万元；年利率为4%~15%；贷款期限为1年。原题附件1~3分别给出123家有信贷记录企业的相关数据、302家无信贷记录企业的相关数据和2019年贷款利率与客户流失率关系的统计数据。该银行请你们团队根据实际和附件中的数据信息，通过建立数学模型研究对中小微企业的信贷策略，主要解决下列问题：

（1）对原题附件1中123家企业的信贷风险进行量化分析，给出该银行在年度信贷总额固定时对这些企业的信贷策略。

（2）在问题1的基础上，对原题附件2中302家企业的信贷风险进行量化分析，并给出该银行在年度信贷总额为1亿元时对这些企业的信贷策略。

（3）企业的生产经营和经济效益可能会受到一些突发因素影响，而且突发因素往往对不同行业、不同类别的企业会有不同的影响。综合考虑原题附件 2 中各企业的信贷风险和可能的突发因素（例如：新冠病毒疫情）对各企业的影响，给出该银行在年度信贷总额为 1 亿元时的信贷调整策略。

说明　本例题改编于 2019 年全国大学生数学建模竞赛 C 题，相关附件数据可以在官网历年赛题栏目进行下载（http://www.mcm.edu.cn）。

第5章　目标规划模型

本章学习要点

1. 理解目标规划模型的数学思想，掌握建立数学模型的方法与步骤；
2. 掌握使用 LINGO 软件求解目标规划模型的方法；
3. 掌握用序贯式算法编写 MATLAB 软件或 Python 软件代码求解目标规划模型。

5.1　目标规划模型的基础知识

分析前面经典的线性规划模型与非线性规划模型，发现其有以下局限性：传统的规划模型要求所求解的问题必须满足全部约束条件，而在实际问题中并非所有约束都需要严格满足；传统规划模型只能处理单目标的优化问题，而对一些次目标只能转化为约束条件处理。在实际问题中，目标和约束条件往往可以相互转化，处理时不一定需要严格区分；传统的规划模型期望寻求全局最优解，而许多实际问题只需要找到满意解即可；传统的规划模型在处理问题时，将各个约束（也可看作目标）的地位视为同等重要，而在实际问题中各目标的重要性既有层次上的差别，也有同一层次上不同权重的差别。

为克服传统规划模型的局限性，目标规划（goal programming）引入偏差变量解决上述问题。用偏差变量（deviational variables）表示实际值与目标值之间的差异，令 d^+ 为超出目标的差值，称为正偏差变量，d^- 为未达到目标的差值，称为负偏差变量。其中，d^+ 与 d^- 至少有一个值为 0。当实际值超过目标值时，有 $d^- = 0$，$d^+ > 0$；当实际值未达到目标值时，有 $d^+ = 0$，$d^- > 0$；当实际值与目标值一致时，有 $d^+ = d^- = 0$。

与传统规划模型不同，目标规划模型的约束条件可以分为两类：一类是对资源有严格限制的约束条件，可以用严格的等式或不等式约束进行表示，构成刚性约束；另一类是可以不严格限制的约束条件，连同原规划模型的目标，构成柔性约束。分析目标规划的偏差变量属性可知：如果希望不等式保持大于等于状态，则极小化负偏差变量；如果希望不等式保持小于等于状态，则极小化正偏差变量；如果希望等式保持等式状态，则同时极小化正、负偏差变量。

在目标规划模型中，目标的优先级可以分成两个层次。第一个层次：将目标分成不同的优先级。计算目标规划时，必须先优化高优先级的目标，然后再优化低优先级的目标。通常以 P_1，P_2，$\cdots$ 表示不同的因子，并规定 $P_k \gg P_{k+1}$。第二个层次：虽然目标处于同一优先级，但两个目标的权重可以不同。因此，同时优化两个目标时，以权系数数值区别目标重要性。

目标规划的一般模型表达如下：设 x_n 为目标规划模型的决策变量，共有 m 个刚性约束条件，可能是等式约束，也可能是不等式约束。设有 l 个柔性约束条件，其目标规划约束的偏差变量为 d_i^+，$d_i^-(i=1,2,\cdots,l)$。设有 r 个优先级别，分别记为 $P_1,P_2,\cdots,P_r$。在同一个优先级 P_k 中，正、负偏差变量有不同的权重，分别记为 $w_{kn}^+, w_{kn}^-(n=1,2,\cdots,l)$。与传统规划模型的目标函数由决策变量构成不同，目标规划模型的目标函数是由正、负偏差变量构成的函数。

因此，目标规划模型的一般数学表达式如下：

$$\min z = \sum_{k=1}^{r}\left(P_k \sum_{n=1}^{l}(w_{kn}^+ d_n^+ + w_{kn}^- d_n^-)\right)$$

$$\text{s.t.}\begin{cases} \sum_{n=1}^{N} a_{in}x_n \leqslant (=,\geqslant)b_i, i=1,2,\cdots,m \\ \sum_{n=1}^{N} c_{in}x_n + d_i^+ + d_i^- = g_i, i=1,2,\cdots,l \\ x_n \geqslant 0, n=1,2,\cdots,N \\ d_i^+ \geqslant 0, d_i^- \geqslant 0, i=1,2,\cdots,l \end{cases}$$

序贯式算法是求解目标规划的一种早期算法。该算法的核心在于根据优先级的先后次序将目标规划问题分解成一系列单目标规划问题，然后再依次求解。对于 $k=1,2,\cdots,r$，分别求解如下单目标优化问题：

$$\min z_k = \sum_{n=1}^{l}(w_{kn}^+ d_n^+ + w_{kn}^- d_n^-)$$

$$\text{s.t.}\begin{cases} \sum_{n=1}^{N} a_{in}x_n \leqslant (=,\geqslant)b_i, i=1,2,\cdots,m \\ \sum_{n=1}^{N} c_{in}x_n + d_i^+ + d_i^- = g_i, i=1,2,\cdots,l \\ x_n \geqslant 0, n=1,2,\cdots,N \\ d_i^+ \geqslant 0, d_i^- \geqslant 0, i=1,2,\cdots,l \\ \sum_{n=1}^{l}(w_{sn}^+ d_n^+ + w_{sn}^- d_n^-) \leqslant z_s^*, s=1,2,\cdots,k-1 \end{cases}$$

记上述优化模型的最优目标函数值为 z_k^*。特别注意：当 $k=1$ 时，上述模型的最后一个约束条件为空约束；当 $k=r$ 时，z_k^* 对应的决策变量就是目标规划模型的最优决策。对于目标规划模型，可以采用 LINGO、MATLAB 和 Python 软件编程实现上述序贯式算法。后面将结合具体案例讲解如何建立目标规划模型以及如何调用上述软件求解目标规划模型。

5.2 笔记本电脑生产销售的目标规划模型案例

某计算机公司生产 A、B、C 三种型号的笔记本电脑。这三种笔记本电脑需要在复杂装配线上完成生产，生产 1 台 A、B、C 型号的笔记本电脑分别需要 5 小时、8 小时以及 12 小时。每月公司装配线的正常生产时间为 1700 小时。公司营业部门估计 A、B、C 三种笔记本电脑的利润分别为 1000 元、1440 元、2520 元。公司预计这个月生产的笔记本电脑能够全部售出。公司经理考虑以下目标，制订笔记本电脑的生产销售计划。

第一目标： 充分利用正常的生产能力，避免开工不足。

第二目标： 优先满足老顾客的需求。老顾客需要的 A、B、C 三种型号电脑数量分别为 50 台、50 台、80 台。同时，根据三种电脑的纯利润分配不同的权因子。

第三目标： 限制装配线加班时间，不允许超过 200 小时。

第四目标： 满足各种型号电脑的销售目标，A、B、C 三种型号的销售目标分别为 100 台、120 台、100 台，并根据三种电脑的纯利润分配不同的权因子。

第五目标： 装配线的加班时间尽可能少。

问题分析

解读问题发现，原题指出制订笔记本电脑生产销售计划的过程中需要考虑五个目标，这是一个指向性非常明确的目标规划问题。因此，可将上述五个目标视为五个柔性约束条件。通过引入各柔性目标的正、负偏差变量，按照题目所给条件将决策变量、各目标函数、柔性约束条件用数学符号及公式表示出来，就可得到相应的目标规划数学模型。

模型设计

设生产 A、B、C 三种型号的电脑分别为 x_1，x_2，x_3（台）。第一目标为充分利用正常生产能力，故希望装配线正常生产时间未利用部分 d_1^- 越小越好，第一目标可以表示为

$$\begin{cases} \min d_1^- \\ 5x_1+8x_2+12x_3+d_1^--d_1^+=1700 \end{cases}$$

第二目标为优先满足老顾客的需求，故希望不足老客户需求部分 d_2^-，d_3^-，d_4^- 越小越好。优先满足老客户的需求，并根据三种电脑的纯利润分配不同的权因子。A、B、C 三种型号电脑每小时的利润是（1000/5）200元、（1440/8）180元、（2520/12）210元。因此，三种类型电脑的权重比例为 20:18:21，第二个目标可以表示为

$$\begin{cases} \min 20d_2^- + 18d_3^- + 21d_4^- \\ x_1 + d_2^- - d_2^+ = 50 \\ x_2 + d_3^- - d_3^+ = 50 \\ x_3 + d_4^- - d_4^+ = 80 \end{cases}$$

第三目标为限制装配线加班时间，即不允许超过 200 小时，故希望超过加班时间部分 d_8^+ 越小越好，第三目标可以表示为

$$\begin{cases} \min d_8^+ \\ 5x_1 + 8x_2 + 12x_3 + d_8^- - d_8^+ = 1900 \end{cases}$$

第四目标为满足各种型号电脑的销售目标，故希望不足客户需求部分 d_2^-，d_3^-，d_4^- 越小越好。希望销售得到的利润越高越好等价于按利润加权生产的数量越多越好。因此，三种类型电脑的权重比例为 20:18:21，则其目标可以表示为

$$\begin{cases} \min 20d_5^- + 18d_6^- + 21d_7^- \\ x_1 + d_5^- - d_5^+ = 100 \\ x_2 + d_6^- - d_6^+ = 120 \\ x_3 + d_7^- - d_7^+ = 100 \end{cases}$$

第五目标为装配线的加班时间尽可能得少，故希望超过加班时间部分 d_1^+ 越小越好，则其目标可以表示为

$$\begin{cases} \min d_1^+ \\ 5x_1 + 8x_2 + 12x_3 + d_1^- - d_1^+ = 1700 \end{cases}$$

综上所述，笔记本电脑生产销售的目标规划数学模型可以表示如下：

$$\min z = P_1 d_1^- + P_2(20d_2^- + 18d_3^- + 21d_4^-) + P_3 d_8^+ + P_4(20d_5^- + 18d_6^- + 21d_7^-) + P_5 d_1^+$$

$$\text{s.t.} \begin{cases} 5x_1 + 8x_2 + 12x_3 + d_1^- - d_1^+ = 1700 \\ x_1 + d_2^- - d_2^+ = 50 \\ x_2 + d_3^- - d_3^+ = 50 \\ x_3 + d_4^- - d_4^+ = 80 \\ x_1 + d_5^- - d_5^+ = 100 \\ x_2 + d_6^- - d_6^+ = 120 \\ x_3 + d_7^- - d_7^+ = 100 \\ 5x_1 + 8x_2 + 12x_3 + d_8^- - d_8^+ = 1900 \\ x_i \geqslant 0, d_i^- \geqslant 0, d_i^+ \geqslant 0 \end{cases}$$

模型求解

采用建模化语言实现序贯式算法求解上述目标规划模型，在LINGO软件中输入如下代码。在程序中定义集合段、数据段、目标函数以及约束条件段。在集合段定义五种类型的变量：1 × 5的向量分别记录5个优先级、目标函数、各优先级的最优目标函数值；1 × 3的向量记录每种类型电脑的生产量；1 × 8的向量记录每个目标的正、负偏差变量以及各目标的标定值；8 × 3的向量记录决策变量在每个目标表达式中的系数；5 × 8的向量记录每个目标的正、负偏差变量在目标函数中的系数；后续调用求和函数@sum、循环函数@for输入目标函数、柔性约束条件。

LINGO代码

```
sets:
Level/1..5/: P, z, Goal;
Variable/1..3/: x;
S_Con_Num/1..8/: g, dplus, dminus;
S_Cons(S_Con_Num, Variable): C;
Obj(Level, S_Con_Num): Wplus, Wminus;
endsets
data:
P=? ? ? ? ?;
Goal =?, ?, ?, ?, 0;
g= 1700 50 50 80 100 120 100 1900;
C = 5 8 12 1 0 0 0 1 0 0 0 1 1 0 0 0 1 0 0 0 1 5 8 12;
!输入正负偏差变量在每个目标表达式的权重;
Wplus= 0 0 0 0 0 0 0 0 0 0 0 0 0 0 0 0 0 0 0 0 0 0 0 1 0 0 0 0 0 0 0 0 1 0 0 0 0 0 0 0;
Wminus = 1 0 0 0 0 0 0 0 20 18 21 0 0 0 0 0 0 0 0 0 0 0 0 0 0 20 18 21 0 0 0 0 0 0 0 0 0;
Enddata
!输入目标函数;
min=@sum(Level: P * z);
@for(Level(i):z(i)=@sum(S_Con_Num(j):Wplus(i,j)*dplus(j))      +@sum(S_Con_Num(j):
Wminus(i,j)*dminus(j)));
!输入柔性约束条件;
@for(S_Con_Num(i):@sum(Variable(j): C(i,j)*x(j))+ dminus(i)−dplus(i) = g(i););
!在每次调用函数前,确保前面的优先级已经获得最优值;
@for(Level(i) | i #lt# @size(Level):@bnd(0, z(i), Goal(i)););
```

运行如上程序时，将会出现大量类似图5-1的提示框，提示输入每个目标层级的优先级。在第一次运行时，输入$P(1)$，$P(2)$，$P(3)$，$P(4)$，$P(5)$分别为1，0，0，0，0，说明正在求解第一级目标函数。

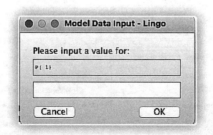

图5-1　目标函数LINGO程序优先级输入提示框

输完每个目标层级的优先级后，将会出现大量类似图5-2的提示框，提示输入相应优先级的最优目标值。在第一次运行时，分别输入$\text{Goal}(1)$，$\text{Goal}(2)$，$\text{Goal}(3)$，$\text{Goal}(4)$为一个很大的数值，表明第一次求解无需考虑其他目标层函数取值，即当前这四项约束条件不起作用。

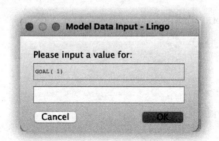

图5-2　目标函数LINGO程序最优目标值输入提示框

运行LINGO程序显示求解状态如图5-3所示。

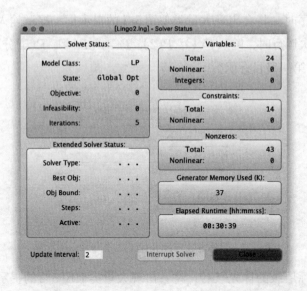

图5-3 笔记本电脑生产销售问题的第一级目标LINGO求解状态

由于上述目标规划模型涉及变量较多，故不在此处粘贴软件运行完整结果。模型运算的部分结果显示如下：

Global optimal solution found.

Objective value: 0.000000

Infeasibilities: 0.000000

Total solver iterations: 5

Elapsed runtime seconds: 1839.40

Model Class: LP

Total variables: 24

Nonlinear variables: 0

Integer variables: 0

Total constraints: 14

Nonlinear constraints: 0

Total nonzeros: 43

Nonlinear nonzeros: 0

Variable	Value	Reduced Cost
P(1)	1.000000	0.000000
P(2)	0.000000	0.000000
P(3)	0.000000	0.000000

P(4)	0.000000	0.000000
P(5)	0.000000	0.000000
Z(1)	0.000000	0.000000
Z(2)	0.000000	0.000000
Z(3)	100000.0	0.000000
Z(4)	0.000000	0.000000
Z(5)	960.0000	0.000000
GOAL(1)	100000.0	0.000000
GOAL(2)	100000.0	0.000000
GOAL(3)	100000.0	0.000000
GOAL(4)	100000.0	0.000000
GOAL(5)	0.000000	0.000000
X(1)	100.0000	0.000000
X(2)	120.0000	0.000000
X(3)	100.0000	0.000000

上述结果显示第一级偏差为0，需要进行第二轮计算。

在第二次运行时，在弹出的优先级提示框内输入 $P(1)$，$P(2)$，$P(3)$，$P(4)$，$P(5)$分别为0，1，0，0，0，说明正在求解第二级目标函数；然后，在弹出的目标值提示框内分别输入 Goal(1)＝0，Goal(2)，Goal(3)，Goal(4)，后三项为很大的数值，表明该三项约束条件不起作用。模型运算的部分结果显示如下：

Global optimal solution found.

Objective value: 0.000000

Infeasibilities: 0.000000

Total solver iterations: 6

Elapsed runtime seconds: 23.77

Model Class: LP

Total variables: 24

Nonlinear variables: 0

Integer variables: 0

Total constraints: 14

Nonlinear constraints: 0

Total nonzeros: 43

Nonlinear nonzeros: 0

Variable	Value	Reduced Cost
P(1)	0.000000	0.000000
P(2)	1.000000	0.000000
P(3)	0.000000	0.000000
P(4)	0.000000	0.000000
P(5)	0.000000	0.000000
Z(1)	0.000000	0.000000
Z(2)	0.000000	1.000000
Z(3)	100000.0	0.000000
Z(4)	0.000000	0.000000
Z(5)	960.0000	0.000000
GOAL(1)	0.000000	0.000000
GOAL(2)	100000.0	0.000000
GOAL(3)	100000.0	0.000000
GOAL(4)	100000.0	0.000000
GOAL(5)	0.000000	0.000000
X(1)	100.0000	0.000000
X(2)	120.0000	0.000000
X(3)	100.0000	0.000000

上述结果显示第二级偏差为0，需要进行第三轮计算。

在第三次运行时，在弹出的优先级提示框内输入 $P(1)$, $P(2)$, $P(3)$, $P(4)$, $P(5)$ 分别为0，0，1，0，0，说明正在求解第三级目标函数；然后，在弹出的目标值提示框内分别输入 Goal(1)＝0，Goal(2)＝0，Goal(3)，Goal(4)，后两项为很大的数值，表明该两项约束条件不起作用。模型运算的部分结果显示如下：

Global optimal solution found.

Objective value: 0.000000

Infeasibilities: 0.000000

Total solver iterations: 8

Elapsed runtime seconds: 20.76

Model Class: LP

Total variables: 24

Nonlinear variables: 0

Integer variables: 0

Total constraints: 14

Nonlinear constraints: 0

Total nonzeros: 43

Nonlinear nonzeros: 0

Variable	Value	Reduced Cost
P(1)	0.000000	0.000000
P(2)	0.000000	0.000000
P(3)	1.000000	0.000000
P(4)	0.000000	0.000000
P(5)	0.000000	0.000000
Z(1)	0.000000	0.000000
Z(2)	0.000000	0.000000
Z(3)	0.000000	0.000000
Z(4)	1590.000	0.000000
Z(5)	200.0000	0.000000
GOAL(1)	0.000000	0.000000
GOAL(2)	0.000000	0.000000
GOAL(3)	100000.0	0.000000
GOAL(4)	100000.0	0.000000
GOAL(5)	0.000000	0.000000
X(1)	100.0000	0.000000
X(2)	55.00000	0.000000
X(3)	80.00000	0.000000

上述结果显示第三级偏差为 0，需要进行第四轮计算。

在第四次运行时，在弹出的优先级提示框内输入 $P(1)$，$P(2)$，$P(3)$，$P(4)$，$P(5)$ 分别为 0，0，0，1，0，说明正在求解第四级目标函数；然后，在弹出的目标值提示框内分别输入 Goal(1)＝0，Goal(2)＝0，Goal(3)＝0，Goal(4)，最后一项为很大的数值，表明该约束不起作用。模型运算的部分结果显示如下：

Global optimal solution found.

Objective value: 1590.000

Infeasibilities: 0.000000

Total solver iterations: 5

Elapsed runtime seconds: 24.44

Model Class: LP

Total variables: 24

Nonlinear variables: 0

Integer variables: 0

Total constraints: 14

Nonlinear constraints: 0

Total nonzeros: 43

Nonlinear nonzeros: 0

Variable	Value	Reduced Cost
P(1)	0.000000	0.000000
P(2)	0.000000	0.000000
P(3)	0.000000	0.000000
P(4)	1.000000	0.000000
P(5)	0.000000	0.000000
Z(1)	0.000000	0.000000
Z(2)	0.000000	-0.2857143
Z(3)	0.000000	-2.250000
Z(4)	1590.000	0.000000
Z(5)	200.0000	0.000000
GOAL(1)	0.000000	0.000000
GOAL(2)	0.000000	0.000000
GOAL(3)	0.000000	0.000000
GOAL(4)	100000.0	0.000000
GOAL(5)	0.000000	0.000000
X(1)	100.0000	0.000000
X(2)	55.00000	0.000000
X(3)	80.00000	0.000000

上述结果显示第四级偏差为1590，需要进行第五轮计算。

在第五次运行时，在弹出的优先级提示框内输入$P(1)$，$P(2)$，$P(3)$，$P(4)$，$P(5)$分别为0，0，0，0，1，说明正在求解第五级目标函数；然后，在弹出的目标值提示框内分别输入 Goal(1)＝0，Goal(2)＝0，Goal(3)＝0，Goal(4)＝1590。模型运算的部分结果显示如下：

Global optimal solution found.

Objective value: 200.0000

Infeasibilities: 0.000000

Total solver iterations: 7

Elapsed runtime seconds: 18.10

Model Class: LP

Total variables: 24

Nonlinear variables: 0

Integer variables: 0

Total constraints: 14

Nonlinear constraints: 0

Total nonzeros: 43

Nonlinear nonzeros: 0

Variable	Value	ReducedCost
P(1)	0.000000	0.000000
P(2)	0.000000	0.000000
P(3)	0.000000	0.000000
P(4)	0.000000	0.000000
P(5)	1.000000	0.000000
Z(1)	0.000000	1.000000
Z(2)	0.000000	−0.1269841
Z(3)	0.000000	0.000000
Z(4)	1590.000	−0.4444444
Z(5)	200.0000	0.000000
GOAL(1)	0.000000	0.000000
GOAL(2)	0.000000	0.000000
GOAL(3)	0.000000	0.000000
GOAL(4)	1590.000	0.000000
GOAL(5)	0.000000	0.000000
X(1)	100.0000	0.000000
X(2)	55.00000	0.000000
X(3)	80.00000	0.000000

经五次计算后，最终得到 $x_1 = 100$，$x_2 = 55$，$x_3 = 80$，即生产 100 台笔记本电脑A、55 台笔记本电脑B、80 台笔记本电脑C。此时，装配线生产时间为 1900 小时，能

够满足装配线加班不超过 200 小时的要求。虽然能够满足老客户的需求，但未能达到销售目标。在上述生产销售策略下，可以获得的销售总利润为 380800 元。

在实现上述目标规划模型的过程中，LINGO 软件按照目标优先级顺序先后求解 5 次线性规划模型，实现序贯式算法。基于相同的思路，也可以采用 MATLAB 软件调用第 1 章介绍的 linprog 函数求解上述目标规划模型。

MATLAB代码

```
g=[1700 50 50 80 100 120 100 1900];
C =[5 8 12; 1 0 0; 0 1 0; 0 0 1; 1 0 0; 0 1 0; 0 0 1; 5 8 12];
Wplus=[ 0 0 0 0 0 0 0; 0 0 0 0 0 0 0; 0 0 0 0 0 0 1; 0 0 0 0 0 0 0;1 0 0 0 0 0 0];
Wminus = [1 0 0 0 0 0 0 0; 0 20 18 21 0 0 0; 0 0 0 0 0 0 0; 0 0 0 0 20 18 21 0; 0 0 0 0 0 0 0 0];
CC=zeros(8,19);%初始化优化模型的等式系数
for i=1:8
    CC(i,i)=1;
    CC(i,i+8)=-1;
    CC(i,17:19)=C(i,:);
end
BB=g';
Lb=zeros(1,19);%设置优化模型变量的取值下限
%按照优先级,连续5次求解单目标优化模型;
for i=1:5
    A=[Wminus(i,:),Wplus(i,:),0,0,0];
    [X,FVAL]=linprog(A',[],[],CC,BB,Lb);
    %将已经优化的目标放入约束条件中;
    CC=[CC;Wminus(i,:),Wplus(i,:),0,0,0];
    BB=[BB;FVAL];
end
disp('最后的决策变量为');
disp(X(end-2:end));
```

具体结果显示如下：
Optimization terminated.
最后的决策变量为
  100.0000
  55.0000
  80.0000
运行如上 MATLAB 程序，可得到决策变量、目标函数结果与 LINGO 软件得到的结果完全相同，即 $x_1=100$，$x_2=55$，$x_3=80$，生产 100 台笔记本电脑A、55 台笔记

本电脑B、80台笔记本电脑C。此时，装配线生产时间为1900小时，满足装配线加班不超过200小时的要求。能够满足老客户的需求，但未能达到销售目标。按上述笔记本电脑的生产销售计划，可以获得的销售总利润为380800元。虽然基于相同思想可得到相同结果，但MATLAB软件则简炼很多。

　　部分熟悉Python软件的读者也可以尝试调用第1章介绍的linprog函数实现上述目标规划模型的求解过程，代码如下所示：

Python 代码

```python
from scipy.optimize import linprog
import numpy as np
BB=[1700,50,50,80,100,120,100,1900];
C=[[5,8,12],[1,0,0],[0,1,0],[0,0,1],[1,0,0],[0,1,0],[0,0,1],[5,8,12]];
Wplus=[[0,0,0,0,0,0,0,0],[0,0,0,0,0,0,0,0],[0,0,0,0,0,0,0,1],[0,0,0,0,0,0,0,0],[1,0,0,0,0,0,0,0]];
Wminus=[[1,0,0,0,0,0,0,0],[0,20,18,21,0,0,0,0],[0,0,0,0,0,0,0,0],[0,0,0,0,20,18,21,0],[0,0,0,0,0,0,0,0]];
#定义一个全零矩阵作为优化模型的等式约束系数
olist=[];
for i in range(8):
    ilist=[];
    for j in range(19):
        ilist.append(0);
    olist.append(ilist)
for i in range(8):
    olist[i][i]=1;
    olist[i][i+8]=-1;
    for j in range(3):
        olist[i][j+16]=C[i][j];
#定义目标函数的系数
A=np.zeros(19)
for i in range(5):
    #系数的前面8项为8个负偏差变量系数,接下去8个为正偏差变量系数,最后3个为决策变量
系数
    A[0:8]=Wminus[i][:];
    A[8:16]=Wplus[i][:];
    A[16:19]=[0,0,0];
    res=linprog(A,A_ub=None,b_ub=None,A_eq=olist,b_eq=BB);
    temp=[];
    #将已经完成优化的目标写入后续的约束条件
    for j in range(8):
        temp.append(Wminus[i][j])
```

```
        for j in range(8):
            temp.append(Wplus[i][j])
        for j in range(3):
            temp.append(0)
        olist.append(temp)
    BB.append(res.fun)
    #输出信息
    print('第',i+1,'目标优化时的目标函数值为',res.fun, '决策变量取值为',res.x[16:19])
```

具体结果显示如下：

第 1 目标优化时的目标函数值为 1.1760653327479498e−08 决策变量取值为 [70.11890142，70.8511586，70.40748541]

第 2 目标优化时的目标函数值为 1.6387583083529821e−12 决策变量取值为 [72.514998，61.02745665，89.20718771]

第 3 目标优化时的目标函数值为 3.1959223305211734e−12 决策变量取值为 [67.77446632，61.59811604，84.33331214]

第 4 目标优化时的目标函数值为 1589.9999910647032 决策变量取值为 [99.99999935，54.99999963，79.9999995]

第 5 目标优化时的目标函数值为 199.99946421341056 决策变量取值为 [100.00061378，55.00009226，79.9999291]

运行如上Python程序，可得到决策变量以及目标函数结果与MATLAB和LINGO软件得到的结果相同，即 $x_1=100$，$x_2=55$，$x_3=80$，生产100台笔记本电脑A、55台笔记本电脑B、80台笔记本电脑C。此时，装配线生产时间为1900小时，满足装配线加班不超过200小时的要求。能够满足老客户的需求，但未能达到销售目标。最终按照上述笔记本电脑生产销售计划，可以获得销售总利润为380800元。

注意 由于LINGO、MATLAB和Python三种软件迭代运算精度不同，得到的最终结果可能会有小差异。

5.3 音像销售的目标规划模型案例

某音像商店有5名全职售货员和4名兼职售货员。全职售货员每月工作160小时，兼职售货员每月工作80小时。根据过去的工作记录，全职售货员每小时销售25张CD，平均每小时工资15元，加班工资为每小时22.5元。兼职售货员每小时销售10张CD，平均工资每小时10元，加班工资为每小时10元。现在预测下个月CD销售量为27500张，商店每周营业6天，所以可能需要售货员加班工作。每出售一张CD盈利1.5元。

商店经理认为，保持稳定的就业水平加上必要的加班比不加班但就业水平不稳定更好。如果全职售货员加班过多，就会因为疲劳过度而造成工作效率下降。因此，每月加班时间不允许超过100小时。请建立相应的数学模型解决上述销售问题。

问题分析

虽然原题并未指明这是一个目标规划问题，但通过问题分析可整理目标如下：

- **第一目标：** 下个月的CD销售量达到27500张。
- **第二目标：** 限制全职售货员加班时间每月不超过100小时。
- **第三目标：** 保持全体售货员充分就业，因为充分工作是良好劳资关系的重要基础，但要对全职售货员优先考虑这种良好关系。
- **第四目标：** 尽量减少加班时间。对两种销售人员需要区别对待，优先权因子由他们对利润的贡献而定。

引入正、负偏差变量按照题目所给条件将决策变量、目标函数、柔性约束条件用数学符号及公式表示出来，就可得到相应的目标规划数学模型。

模型设计

设x_1表示全体全职售货员下个月的工作时间，x_2表示全体兼职售货员下个月的工作时间。基于两类人员的销售能力，下个月共能销售CD数量为$25x_1+10x_2$张。第一个目标为下个月CD销售量能够达到27500张，故希望不足27500张CD的部分d_1^-越小越好，则第一个目标可以表示为

$$\begin{cases} \min d_1^- \\ 25x_1+10x_2+d_1^--d_1^+=27500 \end{cases}$$

第二个目标为限制全职售货员加班时间不超过100小时。已知全体全职售货员的工作时间为800小时，故希望加班超过100小时的部分d_4^+越小越好，则第二个目标可以表示为

$$\begin{cases} \min d_4^+ \\ x_1+d_4^--d_4^+=900 \end{cases}$$

第三个目标为保持全体售货员充分就业，故希望全体全职售货员工作时间不足规定时间800小时的部分d_2^-越小越好，希望全体兼职售货员工作时间不足规定时间320小时的部分d_3^-越小越好。由于要对全职售货员优先考虑，则第三个目标可以表示为

$$\begin{cases} \min\left(2d_2^- + d_3^-\right) \\ x_1 + d_2^- - d_2^+ = 800 \\ x_2 + d_3^- - d_3^+ = 320 \end{cases}$$

第四个目标为尽量减少加班时间。需要对两种销售人员区别对待，优先权因子由他们对利润的贡献而定。由于全职售货员工作 1 小时商店可以获得的纯利润为 15 元，兼职售货员工作 1 小时商店可以获得的纯利润为 5 元，故两类销售人员的加权因子比为 3:1。因此，第四个目标可以表示为

$$\begin{cases} \min\left(d_2^+ + 3d_3^+\right) \\ x_1 + d_2^- - d_2^+ = 800 \\ x_2 + d_3^- - d_3^+ = 320 \end{cases}$$

综上所述，CD 音像销售的目标规划模型可以表示如下：

$$\min z = P_1 d_1^- + P_2 d_4^+ + P_3\left(2d_2^- + d_3^-\right) + P_4\left(d_2^+ + 3d_3^+\right)$$

$$\text{s.t.} \begin{cases} 25x_1 + 10x_2 + d_1^- - d_1^+ = 27500 \\ x_1 + d_4^- - d_4^+ = 900 \\ x_1 + d_2^- - d_2^+ = 800 \\ x_2 + d_3^- - d_3^+ = 320 \\ x_i \geqslant 0, d_i^- \geqslant 0, d_i^+ \geqslant 0 \end{cases}$$

模型求解

采用建模化语言实现上述目标规划模型，在 LINGO 软件中输入如下代码。在程序中定义了集合段、数据段、目标函数以及约束条件段。在集合段定义五种类型的变量：1×4 的向量分别记录 4 个优先级、目标函数值、对应优先级的最优目标函数值；1×2 的向量记录每种类型销售人员在下个月的工作时间；1×4 的向量记录每个目标的正、负偏差变量以及各目标的标定值；4×2 的向量记录决策变量在每个目标表达式中的系数；4×4 的向量记录每个目标的正、负偏差变量在目标函数中的系数；在后续调用求和函数@sum、循环函数@for 输入目标函数、柔性约束条件。

LINGO代码

```
sets:
Level/1..4/: P, z, Goal;
Variable/1..2/: x;
S_Con_Num/1..4/: g, dplus, dminus;
S_Cons(S_Con_Num, Variable): C;
Obj(Level, S_Con_Num): Wplus, Wminus;
endsets
data:
```

```
P=? ? ? ?;
Goal =?, ?, ?, 0;
g= 27500,800,320,900;
C=25 10 1 0 0 1 1 0;
!输入正负偏差变量在每个目标的权重;
Wplus= 0 0 0 0 0 0 1 0 0 0 0 0 1 3 0;
Wminus = 1 0 0 0 0 0 0 0 2 1 0 0 0 0 0;
enddata
!输入目标函数;
min=@sum(Level: P * z);
@for(Level(i):z(i)=@sum(S_Con_Num(j):Wplus(i,j)*dplus(j))+@sum(S_Con_Num(j): Wminus
(i,j)*dminus(j)));
@for(S_Con_Num(i):@sum(Variable(j): C(i,j)*x(j))+dminus(i)−dplus(i) = g(i););
!在每次调用函数前,确保前面的优先级已经获得最优值;
@for(Level(i)|i #lt# @size(Level):@bnd(0, z(i), Goal(i)););
```

按照上一节案例所介绍的 LINGO 求解流程,先后4次在 LINGO 软件弹出的提示框中输入相应的优先级以及之前已优化的目标函数最优值,运行后便可得到最终结果。为节省篇幅,仅给出最后一次运行的部分结果如下:

Global optimal solution found.

Objective value: 640.0000

Infeasibilities: 0.000000

Total solver iterations: 0

Elapsed runtime seconds: 14.19

Model Class: LP

Total variables: 14

Nonlinear variables: 0

Integer variables: 0

Total constraints: 9

Nonlinear constraints: 0

Total nonzeros: 24

Nonlinear nonzeros: 0

Variable	Value	Reduced Cost
P(1)	0.000000	0.000000
P(2)	0.000000	0.000000
P(3)	0.000000	0.000000

P(4)	1.000000	0.000000
Z(1)	0.000000	−0.3000000
Z(2)	0.000000	−6.500000
Z(3)	0.000000	0.5000000
Z(4)	640.0000	0.000000
GOAL(1)	0.000000	0.000000
GOAL(2)	0.000000	0.000000
GOAL(3)	0.000000	0.000000
GOAL(4)	0.000000	0.000000
X(1)	900.0000	0.000000
X(2)	500.0000	0.000000

上述结果提示：经4次计算得到 $x_1 = 900$，$x_2 = 500$，即全职售货员加班100小时，兼职售货员加班180小时。按照上述决策方案，可以售出27500张CD，并获得利润22000元。

基于序贯式求解思路，采用MATLAB软件调用第1章所介绍的linprog函数先后4次求解单目标规划模型，从而实现音像销售的目标规划模型，代码如下：

MATLAB代码

```
Wplus=[0 0 0 0;0 0 0 1;0 0 0 0;0 1 3 0];
Wminus=[1 0 0 0;0 0 0 0;0 2 1 0;0 0 0 0];
Aeq=zeros(4,10); %初始化优化模型的等式系数
Aeq(1,1)=25;Aeq(1,2)=10;Aeq(1,3)=1;Aeq(1,7)=−1;
Aeq(2,1)=1;Aeq(2,6)=1;Aeq(2,10)=−1;
Aeq(3,1)=1;Aeq(3,4)=1;Aeq(3,8)=−1;
Aeq(4,2)=1;Aeq(4,5)=1;Aeq(4,9)=−1;
Beq=[27500,900,800,320]';
Lb=zeros(1,10); %设置优化模型变量的取值下限
%按照优先级,连续4次求解单目标优化模型;
for i=1:4
  A=[zeros(1,2),Wminus(i,:),Wplus(i,:)];
[X,FVAL]=linprog(A,[],[],Aeq,Beq,Lb,[]);
%将已经优化的目标放入约束条件中;
  Aeq=[Aeq;A];
  Beq=[Beq;FVAL];
end
disp('最后的决策变量为');
disp(X(1:2))
```

具体结果显示如下：

Optimization terminated.

最后的决策变量为

　900.0000

　500.0000

运行如上 MATLAB 程序，得到的决策变量、目标函数最优值结果与 LINGO 软件得到的结果相同，即 $x_1 = 900$，$x_2 = 500$，全职售货员加班 100 小时，兼职售货员加班 180 小时。按照上述决策方案，可以售出 27500 张 CD，并获得利润 22000 元。

部分熟悉 Python 软件的读者也可以尝试调用第 1 章所介绍的 linprog 函数实现上述目标规划模型，代码如下所示：

Python 代码

```
from scipy.optimize import linprog
import numpy as np
Wplus=[[0,0,0,0],[0,0,0,1],[0,0,0,0],[0,1,3,0]];
Wminus=[[1,0,0,0],[0,0,0,0],[0,2,1,0],[0,0,0,0]];
#定义一个全零矩阵作为优化模型的等式约束系数
Aeq=[]
for i in range(4):
    ilist=[];
    for j in range(10):
        ilist.append(0);
    Aeq.append(ilist)
Aeq[0][0]=25;Aeq[0][1]=10;Aeq[0][2]=1;Aeq[0][6]=-1;
Aeq[1][0]=1;Aeq[1][5]=1;Aeq[1][9]=-1;
Aeq[2][0]=1;Aeq[2][3]=1;Aeq[2][7]=-1;
Aeq[3][1]=1;Aeq[3][4]=1;Aeq[3][8]=-1;
Beq=[27500,900,800,320];
#定义目标函数的系数
A=np.zeros(10);
for i in range(4):
    #系数的前面2项为决策变量,接下去4个为负偏差变量系数,最后4个为正偏差变量系数
    A[0:2]=[0,0];
    A[2:6]=Wminus[i][:];
    A[6:10]=Wplus[i][:];
    res=linprog(A,A_ub=None,b_ub=None,A_eq=Aeq,b_eq=Beq);
    temp=[];
    #将已经完成优化的目标写入后续的约束条件
    for j in range(2):
```

```
        temp.append(0)
    for j in range(4):
        temp.append(Wminus[i][j])
    for j in range(4):
        temp.append(Wplus[i][j])
    Aeq.append(temp)
Beq.append(res.fun)
#输出信息
print('第',i+1,'目标优化时的目标函数值为',res.fun, '决策变量取值为',res.x[0:2])
```

具体结果显示如下：

第1目标优化时的目标函数值为 5.467010460739727e−13 决策变量取值为 [994.09026215, 293.16155987]

第2目标优化时的目标函数值为 2.180473339506534e−15 决策变量取值为 [821.09120424, 733.69823967]

第3目标优化时的目标函数值为 5.69333605998745e−09 决策变量取值为 [860.69993553, 621.0679537]

第4目标优化时的目标函数值为 640.0000007287747 决策变量取值为 [899.99999713, 499.99999932]

运行如上 Python 程序，可以得到决策变量、目标函数最优值与 MATLAB 和 LIN-GO 软件得到的结果相同，即 $x_1 = 900$，$x_2 = 500$，全职售货员加班100小时，兼职售货员加班180小时。按照上述决策方案，可以售出27500张CD，并获得利润22000元。

注意 如果目标规划模型的目标函数或柔性约束条件含有非线性表达式，则需要调用 MATLAB 软件 fmincon 函数或者 Python 软件 Minimize 函数按序贯式求解思路编写程序开展求解工作。

5.4 企业生产计划的目标规划模型案例

某企业生产甲、乙两种产品，需要用到 A、B、C 三种设备。关于产品的盈利、使用设备的工时以及限制如表5-1所示。

表5-1　加工能力以及限制

设备	单件产品生产耗时		设备的加工能力
	甲	乙	
A	2小时/件	2小时/件	12小时
B	4小时/件	0小时/件	16小时
C	0小时/件	5小时/件	15小时
盈利	200元/件	300元/件	

问该企业应如何安排生产计划，才能达到下列目标：

第一目标： 力求使利润指标不低于1500元。

第二目标： 考虑到市场需求，甲、乙两种产品的产量比应尽量保持1:2。

第三目标： 设备A为贵重设备，严格禁止超时使用。

第四目标： 设备C可以适当使用，但要有所控制；设备B既要求充分利用，又尽可能不超时使用。在重要性上，设备B是设备C的3倍。

试建立目标规划模型解决上述问题。

问题分析

解读问题发现这是一个指向性很强的目标规划问题。原题中明确地指出四个建模的目标方向。经分析可发现第三个目标为刚性约束条件，必须严格满足，而剩下三个目标可视为柔性约束条件。引入正、负偏差变量按照题目所给条件将决策变量、目标函数、刚性约束条件、柔性约束条件用数学符号及公式表示出来，就可得到相应的目标规划数学模型。

模型设计

设变量 x_1，x_2 分别表示生产甲、乙两种商品的数量。第一目标为力求使利润指标不低于1500元。因此，希望不足1500元的部分 d_1^- 越小越好。生产获得的利润可以表示为 $200x_1 + 300x_2$，则第一目标可以表示为

$$\begin{cases} \min d_1^- \\ 200x_1 + 300x_2 + d_1^- - d_1^+ = 1500 \end{cases}$$

第二目标为甲、乙两种产品的产量比应尽量保持1:2。因此，希望超过或者不足产量比1:2的部分 $d_2^- + d_2^+$ 越小越好。第二目标可以表示为

$$\begin{cases} \min(d_2^- + d_2^+) \\ 2x_1 - x_2 + d_2^- - d_2^+ = 0 \end{cases}$$

第三目标为严格禁止超时使用设备A。第三个目标需被视为刚性约束，可以表示为

$$2x_1 + 2x_2 \leqslant 12$$

第四目标为设备C可以适当超时使用，但要控制；设备B既要求充分利用，又尽可能不超时使用。因此，设备C的加班时间d_3^+越小越好；设备B的加班时间d_4^+以及工作不足时间d_4^-越小越好。由于设备B的重要性是设备C的3倍，故第四目标可以表示为

$$\begin{cases} \min\left[d_3^+ + 3(d_4^+ + d_4^-)\right] \\ 5x_2 + d_3^- - d_3^+ = 15 \\ 4x_1 + d_4^- - d_4^+ = 16 \end{cases}$$

综上所述，企业生产计划的目标规划模型可以表示为

$$\min\left[P_1 d_1^- + P_2(d_2^- + d_2^+) + P_3(d_3^+ + 3d_4^- + 3d_4^+)\right]$$

$$\text{s.t.} \begin{cases} 2x_1 + 2x_2 \leqslant 12 \\ 200x_1 + 300x_2 + d_1^- - d_1^+ = 1500 \\ 2x_1 - x_2 + d_2^- - d_2^+ = 0 \\ 5x_2 + d_3^- - d_3^+ = 15 \\ 4x_1 + d_4^- - d_4^+ = 16 \\ x_i \geqslant 0, d_i^+ \geqslant 0, d_i^- \geqslant 0 \end{cases}$$

模型求解

采用建模化语言实现序贯式算法求解上述目标规划模型，在LINGO软件中输入如下代码。在程序中定义集合段、数据段、目标函数以及约束条件段。在集合段定义五种类型的变量：1×3的向量分别记录3个优先级、目标函数值、对应优先级的最优目标函数值；1×2的向量记录每种产品的产量；1×4的向量记录每个目标的正、负偏差变量以及各目标的标定值；4×2的向量记录决策变量在每个目标表达式中的系数；3×4的向量记录每个正、负偏差变量在目标函数中的系数；在后续调用求和函数@sum、循环函数@for输入目标函数以及约束条件。

LINGO代码

```
sets:
Level/1..3/:P,z,Goal;
Variable/1..2/: x;
S_Con_Num/1..4/: g, dplus, dminus;
S_Cons(S_Con_Num, Variable): C;
Obj(Level, S_Con_Num): Wplus, Wminus;
```

```
endsets
data:
P=? ? ?;
Goal=? ? 0;
g=1500,0,15,16;
C=200 300 2 -1 0 5 4 0;
!输入正负偏差变量在每个目标的权重;
Wplus= 0 0 0 0 0 1 0 0 0 0 1 3;
Wminus = 1 0 0 0 0 1 0 0 0 0 0 3;
Enddata
!输入目标函数;
min=@sum(Level: P * z);
@for(Level(i):z(i)=@sum(S_Con_Num(j):Wplus(i,j)*dplus(j))+@sum(S_Con_Num(j): Wminus
(i,j)*dminus(j)));
2*x(1)+2*x(2)<=12;
@for(S_Con_Num(i):@sum(Variable(j): C(i,j)*x(j))+dminus(i)-dplus(i) = g(i););
!在每次调用函数前,确保前面的优先级已经获得最优值;
@for(Level(i)|i #lt# @size(Level):@bnd(0, z(i), Goal(i)););
```

由于运行 LINGO 软件涉及的运算过程较为烦琐且涉及中间变量较多,故不在此处粘贴软件运行的完整结果。输入相应的优先级以及目标值,先后 3 次运行上述 LINGO 程序求解目标规划模型,模型运算的部分结果显示如下:

Global optimal solution found.

Objective value: 29.00000

Infeasibilities: 0.000000

Total solver iterations: 0

Elapsed runtime seconds: 9.68

Model Class: LP

Total variables: 13

Nonlinear variables: 0

Integer variables: 0

Total constraints: 9

Nonlinear constraints: 0

Total nonzeros: 26

Nonlinear nonzeros: 0

Variable	Value	Reduced Cost
P(1)	0.000000	0.000000
P(2)	0.000000	0.000000
P(3)	1.000000	0.000000
Z(1)	0.000000	0.000000
Z(2)	0.000000	−5.666667
Z(3)	29.00000	0.000000
GOAL(1)	0.000000	0.000000
GOAL(2)	0.000000	0.000000
GOAL(3)	0.000000	0.000000
X(1)	2.000000	0.000000
X(2)	4.000000	0.000000

上述结果提示：经3次计算得到$x_1=2$，$x_2=4$，即生产甲产品2件，生产乙产品4件，保持两种产品的生产量比例为$1:2$，获得利润1600元。

基于序贯式求解思路，采用MATLAB软件调用第1章所介绍的linprog函数求解企业生产计划的目标规划模型，代码如下：

MATLAB代码

```
Wplus=[0 0 0 0;0 1 0 0;0 0 1 3];
Wminus=[1 0 0 0;0 1 0 0;0 0 0 3];
Beq=[1500,0,15,16];
Aeq=[200 300 1 0 0 0 −1 0 0 0;2 −1 0 1 0 0 0 −1 0 0;0 5 0 0 1 0 0 0 −1 0;4 0 0 0 0 1 0 0 0 −1]; %初始化优化模型的等式系数
Au=[2,2,zeros(1,8)];%刚性约束的系数
Bu=12;
Lb=zeros(1,10); %设置优化模型变量的取值下限
%按照优先级,连续3次求解单目标优化模型；
for i=1:3
   A=[zeros(1,2),Wminus(i,:),Wplus(i,:)];
   [X,FVAL]=linprog(A,Au,Bu,Aeq,Beq,Lb);
   %将已经优化的目标放入约束条件中；
   Aeq=[Aeq;A];
   Beq=[Beq,FVAL];
end
disp('最后的决策变量为');
disp(X(1:2))
```

具体结果显示如下：

Optimization terminated.

最后的决策变量为

　2.0000

　4.0000

运行如上MATLAB程序，可以得到决策变量、目标函数最优值结果与LINGO软件得到的结果相同，即 $x_1=2$，$x_2=4$，生产甲产品2件，生产乙产品4件，保持两种产品的生产量比例为 $1:2$，获得利润1600元。

部分熟悉Python软件的读者也可以尝试调用第1章介绍的linprog函数实现上述目标规划模型，代码如下：

Python代码

```python
from scipy.optimize import linprog
import numpy as np
Beq=[1500,0,15,16];
Wplus=[[0,0,0,0],[0,1,0,0],[0,0,1,3]];
Wminus=[[1,0,0,0],[0,1,0,0],[0,0,0,3]];
Au=[[2,2,0,0,0,0,0,0,0,0]];#定义刚性约束的系数
Bu=[12];
#定义一个全零矩阵作为优化模型的等式约束系数
Aeq=[[200,300,1,0,0,0,-1,0,0,0],[2,-1,0,1,0,0,0,-1,0,0],[0,5,0,0,1,0,0,0,-1,0],[4,0,0,0,0,1,0,0,0,-1]];
#定义目标函数的系数
A=np.zeros(10)
for i in range(3):
    #系数的前面2项为决策变量,接下去4个为负偏差变量系数,最后4个为正偏差变量系数
    A[0:2]=[0,0];
    A[2:6]=Wminus[i][:];
    A[6:10]=Wplus[i][:];
    A=list(A)
    res=linprog(A,A_ub=Au,b_ub=Bu,A_eq=Aeq,b_eq=Beq);
    temp=[];
    #将已经完成优化的目标写入后续的约束条件
    for j in range(2):
        temp.append(0)
    for j in range(4):
        temp.append(Wminus[i][j])
    for j in range(4):
        temp.append(Wplus[i][j])
    Aeq.append(temp)
```

```
Beq.append(res.fun)
print('第',i+1,'目标优化时的目标函数值为',res.fun, '决策变量取值为',res.x[0:2])
```

具体结果显示如下:

第 1 目标优化时的目标函数值为 4.1848195768287745e−11 决策变量取值为 [2.53121879，3.3214099]

第 2 目标优化时的目标函数值为 5.943701200657568e−10 决策变量取值为 [1.87883356，3.75766711]

第 3 目标优化时的目标函数值为 28.999999996028365 决策变量取值为 [2.，4.]

运行如上 Python 程序, 可以得到决策变量、目标函数最优值与 MATLAB 和 LINGO 软件得到的结果相同, 即 $x_1=2$, $x_2=4$, 生产甲产品 2 件, 生产乙产品 4 件, 获得利润 1600 元。

5.5 工厂生产销售的目标规划模型案例

已知三个工厂生产的产品供应给四个用户, 各工厂生产量、用户需求量及从各工厂到用户的单位产品运输费用如表 5-2 所示。由于总生产量小于总需求量, 上级部门经研究后, 制定了调配方案需遵循的 8 项指标, 并制定了重要性次序。

表5-2 运输费用信息

	用户1	用户2	用户3	用户4	生产量
工厂1	5元/件	2元/件	6元/件	7元/件	300件
工厂2	3元/件	5元/件	4元/件	6元/件	200件
工厂3	4元/件	5元/件	2元/件	3元/件	400件
需求量	200件	100件	450件	250件	

第一目标: 用户 4 为重要部门, 需求量应尽量全部满足;

第二目标: 供应用户 1 的产品中, 工厂 3 的产品不少于 100 个单位;

第三目标: 每个用户的满足率不低于 80%;

第四目标: 应尽量满足各用户的需求;

第五目标: 新方案的总运输费用不超过最小运输费用调度方案的 10%;

第六目标: 因道路限制, 工厂 2 到用户 4 的线路应尽量避免运输任务;

第七目标: 用户 1 和用户 3 的满足率应尽量保持平衡;

第八目标: 力求减少总运费。

请列出相应的目标规划模型。

问题分析

解读问题发现这是一个指向性很强的目标规划问题。原题指明八个建模的目标方向，并按照重要程度进行排序。首先，采用基于最少费用的调度方式进行销售可得到最少总费用为 2950 元。第五目标指出新方案的总运输费用不得超过最小运输费用调度方案的 10%，即总运输费用不得超过 3245 元。引入正、负偏差变量按照题目所给条件将决策变量、目标函数、柔性约束条件用数学符号及公式表示出来，就可得到工厂销售生产的目标规划模型。

模型设计

设决策变量 x_{mn} 表示工厂 m 调配给用户 n 的运量。第一目标为用户 4 的需求量应尽量全部满足。因此，希望不足用户 4 需求的部分 d_9^- 越小越好。第一个目标可以表示为

$$\begin{cases} \min d_9^- \\ x_{14} + x_{24} + x_{34} + d_9^- - d_9^+ = 250 \end{cases}$$

第二目标为供应用户 1 的产品中，工厂 3 的产品不少于 100 个单位。因此，希望工厂 3 供应用户 1 的产品不足 100 个单位部分的 d_1^- 越小越好。第二目标可以表示为

$$\begin{cases} \min d_1^- \\ x_{31} + d_1^- - d_1^+ = 100 \end{cases}$$

第三目标为每个用户的满足率不低于 80%。因此，希望不足用户需求 80% 的部分 d_2^-，d_3^-，d_4^-，d_5^- 越小越好。四个用户 80% 的需求量分别为 160，80，360，200。第三目标可以表示为

$$\begin{cases} \min(d_2^- + d_3^- + d_4^- + d_5^-) \\ x_{11} + x_{21} + x_{31} + d_2^- - d_2^+ = 160 \\ x_{12} + x_{22} + x_{32} + d_3^- - d_3^+ = 80 \\ x_{13} + x_{23} + x_{33} + d_4^- - d_4^+ = 360 \\ x_{14} + x_{24} + x_{34} + d_5^- - d_5^+ = 200 \end{cases}$$

第四目标为应尽量满足各用户的需求。因此，希望不足用户需求的部分 d_6^-，d_7^-，d_8^-，d_9^- 越小越好。第四目标可以表示为

$$\begin{cases} \min(d_6^- + d_7^- + d_8^- + d_9^-) \\ x_{11} + x_{21} + x_{31} + d_6^- - d_6^+ = 200 \\ x_{12} + x_{22} + x_{32} + d_7^- - d_7^+ = 100 \\ x_{13} + x_{23} + x_{33} + d_8^- - d_8^+ = 450 \\ x_{14} + x_{24} + x_{34} + d_9^- - d_9^+ = 250 \end{cases}$$

第五目标为新方案的总运输费用不超过最小运输费用调度方案的 10%。因此，希望超过原方案最小运输费用 10%（即 3245 元）部分 d_{10}^+ 越小越好。第五目标可以表示为

$$\begin{cases} \min d_{10}^+ \\ \displaystyle\sum_{i=1}^{3}\sum_{j=1}^{5} c_{ij}x_{ij} + d_{10}^- - d_{10}^+ = 3245 \end{cases}$$

第六目标为工厂2到用户4的线路应尽量避免运输任务。因此，希望工厂2到用户4任务量部分d_{11}^+越小越好。第六目标可以表示为

$$\begin{cases} \min d_{11}^+ \\ x_{24} + d_{11}^- - d_{11}^+ = 0 \end{cases}$$

第七目标为用户1和用户3的满足率应尽量保持平衡。因此，希望超过或不足平衡部分$d_{12}^- + d_{12}^+$越小越好。第七目标可以表示为

$$\begin{cases} \min(d_{12}^- + d_{12}^+) \\ (x_{11}+x_{21}+x_{31}) - \dfrac{200}{450}(x_{13}+x_{23}+x_{33}) + d_{12}^- - d_{12}^+ = 0 \end{cases}$$

第八目标为力求减少总运费。问题分析已经指出最少运输费用为2950元，因此，希望超过最小运输费用部分d_{13}^+越小越好。第八目标可以表示为

$$\begin{cases} \min d_{13}^+ \\ \displaystyle\sum_{i=1}^{3}\sum_{j=1}^{5} c_{ij}x_{ij} + d_{13}^- - d_{13}^+ = 2950 \end{cases}$$

此外，供应约束应严格满足如下条件，即

$$\begin{cases} x_{11} + x_{12} + x_{13} + x_{14} \leqslant 300 \\ x_{21} + x_{22} + x_{23} + x_{24} \leqslant 200 \\ x_{31} + x_{32} + x_{33} + x_{34} \leqslant 400 \end{cases}$$

综上所述，工厂生产销售的目标规划模型可以表示为

$$\begin{aligned} \min z = {} & P_1 d_9^- + P_2 d_1^- + P_3(d_2^- + d_3^- + d_4^- + d_5^-) + P_4(d_6^- + d_7^- + d_8^- + d_9^-) + \\ & P_5 d_{10}^+ + P_6 d_{11}^+ + P_7(d_{12}^- + d_{12}^+) + P_8 d_{13}^+ \end{aligned}$$

$$
\text{s.t.}
\begin{cases}
x_{11}+x_{12}+x_{13}+x_{14} \leqslant 300 \\
x_{21}+x_{22}+x_{23}+x_{24} \leqslant 200 \\
x_{31}+x_{32}+x_{33}+x_{34} \leqslant 400 \\
x_{31}+d_1^- -d_1^+ =100 \\
x_{11}+x_{21}+x_{31}+d_2^- -d_2^+ =160 \\
x_{12}+x_{22}+x_{32}+d_3^- -d_3^+ =80 \\
x_{13}+x_{23}+x_{33}+d_4^- -d_4^+ =360 \\
x_{14}+x_{24}+x_{34}+d_5^- -d_5^+ =200 \\
x_{11}+x_{21}+x_{31}+d_6^- -d_6^+ =200 \\
x_{12}+x_{22}+x_{32}+d_7^- -d_7^+ =100 \\
x_{13}+x_{23}+x_{33}+d_8^- -d_8^+ =450 \\
x_{14}+x_{24}+x_{34}+d_9^- -d_9^+ =250 \\
\sum\limits_{i=1}^{3}\sum\limits_{j=1}^{5}c_{ij}x_{ij}+d_{10}^- -d_{10}^+ =3245 \\
x_{24}+d_{11}^- -d_{11}^+ =0 \\
(x_{11}+x_{21}+x_{31})-\dfrac{200}{450}(x_{13}+x_{23}+x_{33})+d_{12}^- -d_{12}^+ =0 \\
\sum\limits_{i=1}^{3}\sum\limits_{j=1}^{5}c_{ij}x_{ij}+d_{13}^- -d_{13}^+ =2950 \\
x_{ij} \geqslant 0, d_i^+ \geqslant 0, d_i^- \geqslant 0
\end{cases}
$$

模型求解

采用建模化语言实现序贯式算法求解上述目标规划模型，在LINGO软件中输入如下代码。在程序中定义集合段、数据段、目标函数以及约束条件段。在集合段定义六种类型的变量：1×8的向量分别记录8个优先级、目标函数值、对应优先级的最优目标函数值；1×3的向量记录每个工厂的产量；1×4的向量记录每个用户的需求量；1×13的向量记录每个目标的正负偏差变量；3×4的向量记录运输方案的决策变量及其在每个目标表达式中的系数；8×13的向量记录每个正、负偏差变量在目标函数中的系数；在后续调用求和函数@sum、循环函数@for输入目标函数以及约束条件。

LINGO代码

```
sets:
Level/1..8/:P,z,Goal;
S_Con_Num/1..13/:dplus,dminus;
Plant/1..3/:a;
Customer/1..4/:b;
```

```
Routes(Plant,Customer):c,x;
Obj(Level,S_Con_Num):Wplus,Wminus;
endsets
data:
P=????????;
Goal=???????0;
a=300 200 400;
b=200 100 450 250;
c=5 2 6 7 3 5 4 6 4 5 2 3;
!输入正负偏差变量在每个目标的权重;
Wplus=0 0 0 0 0 0 0 0 0 0 0 0 0 0 0 0 0 0 0 0 0 0 0 0 0 0 0 0 0 0 0 0 0 0 0 0 0 0 0 0
0 0 0 0 0 0 0 0 0 0 0 0 1 0 0 0 0 0 0 0 0 0 0 1 0 0 0 0 0 0 0 0 0 0 0 1 0 0 0 0 0 0 0 0 0 0 0
1;
Wminus=0 0 0 0 0 0 0 1 0 0 0 0 1 0 0 0 0 0 0 0 0 0 0 0 0 0 1 1 1 1 0 0 0 0 0 0 0 0 0 0 1 1 1 1
0 0 0 0 0 0 0 0 0 0 0 0 0 0 0 0 0 0 0 0 0 0 0 0 0 0 0 0 0 0 0 0 1 0 0 0 0 0 0 0 0 0 0 0
0 0;
enddata
min=@sum(Level:P*z);
@for(Level(i):z(i)=@sum(S_Con_Num(j):Wplus(i,j)*dplus(j))+@sum(S_Con_Num(j):Wminus
(i,j)*dminus(j)));
!输入模型的刚性约束条件;
@for(Plant(i):@sum(Customer(j):x(i,j))<=a(i));
!输入模型的柔性约束条件;
x(3,1)+dminus(1)-dplus(1)=100;
@for(Customer(j):@sum(Plant(i):x(i,j))+dminus(1+j)-dplus(1+j)=0.8*b(j));
@sum(Plant(i):x(i,j))+dminus(5+j)-dplus(5+j)=b(j););
@sum(Routes:c*x)+dminus(10)-dplus(10)=3245;
x(2,4)+dminus(11)-dplus(11)=0;
@sum(Plant(i):x(i,1))-20/45*@sum(Plant(i):x(i,3))+dminus(12)-dplus(12)=0;
@sum(Routes:c*x)+dminus(13)-dplus(13)=2950;
!在每次调用函数前,确保前面的优先级已经获得最优值;
@for(Level(i)|i#lt#@size(Level):@bnd(0,z(i),Goal(i)));
```

　　由于上述模型的目标较多，运行LINGO软件涉及的运算过程较为烦琐，且涉及中间变量较多，故不在此处粘贴软件运行的完整结果。输入相应的优先级以及目标值，先后8次运行上述LINGO程序求解目标规划模型，模型运算的部分结果显示如下：

```
Global optimal solution found.
Objective value: 410.0000
Infeasibilities: 0.000000
Total solver iterations: 15
```

Elapsed runtime seconds: 24.04

Model Class: LP

Total variables: 46

Nonlinear variables: 0

Integer variables: 0

Total constraints: 25

Nonlinear constraints: 0

Total nonzeros: 118

Nonlinear nonzeros: 0

Variable	Value	Reduced Cost
P(1)	0.000000	0.000000
P(2)	0.000000	0.000000
P(3)	0.000000	0.000000
P(4)	0.000000	0.000000
P(5)	0.000000	0.000000
P(6)	0.000000	0.000000
P(7)	0.000000	0.000000
P(8)	1.000000	0.000000
Z(1)	0.000000	-1.307692
Z(2)	0.000000	-3.000000
Z(3)	0.000000	0.000000
Z(4)	100.0000	-5.692308
Z(5)	115.0000	0.000000
Z(6)	0.000000	0.000000
Z(7)	30.00000	-0.6923077
Z(8)	410.0000	0.000000
GOAL(1)	0.000000	0.000000
GOAL(2)	0.000000	0.000000
GOAL(3)	0.000000	0.000000
GOAL(4)	100.0000	0.000000
GOAL(5)	115.0000	0.000000
GOAL(6)	0.000000	0.000000
GOAL(7)	30.00000	0.000000

GOAL(8)	0.000000	0.000000
X(1,1)	0.000000	0.000000
X(1,2)	100.0000	0.000000
X(1,3)	0.000000	0.000000
X(1,4)	200.0000	0.000000
X(2,1)	90.00000	0.000000
X(2,2)	0.000000	5.000000
X(2,3)	110.0000	0.000000
X(2,4)	0.000000	1.000000
X(3,1)	100.0000	0.000000
X(3,2)	0.000000	7.000000
X(3,3)	250.0000	0.000000
X(3,4)	50.00000	0.000000

整理运输方案的决策变量，汇总最佳运输方案如表5-3所示。

表5-3　运输方案结果

	用户1	用户2	用户3	用户4	生产量
工厂1	0件	100件	0件	200件	300件
工厂2	90件	0件	110件	0件	200件
工厂3	100件	0件	250件	50件	400件
供应量	190件	100件	360件	250件	

基于序贯式求解思路，采用MATLAB软件调用第1章介绍的linprog函数求解工厂销售生产的目标规划模型，代码如下：

```
MATLAB代码

b=[200 100 450 250];
Wplus=[0 0 0 0 0 0 0 0 0 0 0 0;0 0 0 0 0 0 0 0 0 0 0 0;0 0 0 0 0 0 0 0 0 0 0 0;0 0 0 0 0 0 0 0
0 0 0 0;0 0 0 0 0 0 0 0 1 0 0 0;0 0 0 0 0 0 0 0 0 1 0 0;0 0 0 0 0 0 0 0 0 0 1 0;0 0 0 0 0 0 0 0
0 0 0 1];
Wminus=[0 0 0 0 0 0 0 1 0 0 0 0;1 0 0 0 0 0 0 0 0 0 0 0;0 1 1 1 1 0 0 0 0 0 0 0;0 0 0 0 0 1 1 1
1 0 0 0;0 0 0 0 0 0 0 0 0 0 0 0;0 0 0 0 0 0 0 0 0 0 0 0;0 0 0 0 0 0 0 0 0 0 1 0;0 0 0 0 0 0 0 0
0 0 0 0];
Au=zeros(3,38); %初始化刚性约束的系数
Au(1,1:4)=1;
Au(2,5:8)=1;
Au(3,9:12)=1;
```

```
Bu=[300 200 400];
Aeq=zeros(13,38); %初始化优化模型的等式系数
for i=1:4
    Aeq(i,i)=1;
    Aeq(i,4+i)=1;
    Aeq(i,8+i)=1;
    Aeq(i,13+i)=1;
    Aeq(i,26+i)=-1;
end
for i=1:4
    Aeq(i+4,i)=1;
    Aeq(i+4,4+i)=1;
    Aeq(i+4,8+i)=1;
    Aeq(i+4,17+i)=1;
    Aeq(i+4,30+i)=-1;
end
Aeq(9,1:12)=[5 2 6 7 3 5 4 6 4 5 2 3];Aeq(9,22)=1;Aeq(9,35)=-1;
Aeq(10,8)=1;Aeq(10,23)=1;Aeq(10,36)=-1;
Aeq(11,1:4:9)=1;Aeq(11,3:4:11)=-200/450;Aeq(11,24)=1;Aeq(11,37)=-1;
Aeq(12,1:12)=[5 2 6 7 3 5 4 6 4 5 2 3];Aeq(12,25)=1;Aeq(12,38)=-1;
Aeq(13,9)=1;Aeq(13,13)=1;Aeq(13,26)=-1;
Beq=[b*0.8,b,3245,0,0,2950,100]';
Lb=zeros(1,38); %设置优化模型变量的取值下限
%按照优先级,连续8次求解单目标优化模型;
for i=1:8
    A=[zeros(1,12),Wminus(i,:),Wplus(i,:)];
[X,FVAL]=linprog(A',Au,Bu',Aeq,Beq,Lb,[]);
%将已经优化的目标放入约束条件中;
    Aeq=[Aeq;zeros(1,12),Wminus(i,:),Wplus(i,:)];
    Beq=[Beq;FVAL];
end
disp('工厂1向4个用户的运输量为');disp(X(1:4))
disp('工厂2向4个用户的运输量为');disp(X(5:8))
disp('工厂3向4个用户的运输量为');disp(X(9:12))
```

具体结果显示如下:

Optimization terminated.

工厂1向4个用户的运输量为

　39.9294

　100.0000

77.7133

82.3573

工厂2向4个用户的运输量为

50.0706

0.0000

149.9294

0.0000

工厂3向4个用户的运输量为

100.0000

0.0000

132.3573

167.6427

整理运输方案决策变量，汇总最佳运输方案如表5-4所示。

表5-4　运输方案结果

	用户1	用户2	用户3	用户4	生产量
工厂1	39.9294件	100件	77.7133件	82.3573件	300件
工厂2	50.0706件	0	149.9294件	0	200件
工厂3	100件	0	132.3573件	167.6427件	400件
供应量	190件	100件	360件	250件	

运行如上MATLAB程序，虽然得到的决策变量取值与LINGO软件得到的结果不同，但是目标函数的最优值结果与LINGO软件得到的结果相同。注意，不同版本MATLAB软件在运行上述代码时，可能由于工具箱版本的差异，导致运算中间过程涉及变量精度不同，从而出现结果有部分差异。

部分熟悉Python软件的读者也可以尝试调用第1章介绍的linprog函数实现上述目标规划模型，代码如下：

```
Python代码
from scipy.optimize import linprog
import numpy as np
b=[200,100,450,250];
Wplus=[[0,0,0,0,0,0,0,0,0,0,0,0,0],[0,0,0,0,0,0,0,0,0,0,0,0,0],[0,0,0,0,0,0,0,0,0,0,0,0,0],[0,0,0,0,0,0,0,0,0,
0,0,0,0],[0,0,0,0,0,0,0,0,0,1,0,0,0],[0,0,0,0,0,0,0,0,0,0,1,0,0],[0,0,0,0,0,0,0,0,0,0,0,1,0],[0,0,0,0,0,0,0,0,0,0,
0,0,1]];
Wminus=[[0,0,0,0,0,0,0,0,1,0,0,0,0],[1,0,0,0,0,0,0,0,0,0,0,0,0],[0,1,1,1,1,0,0,0,0,0,0,0,0],[0,0,0,0,0,1,1,
```

```
1,1,0,0,0,0],[0,0,0,0,0,0,0,0,0,0,0,0,0,0],[0,0,0,0,0,0,0,0,0,0,0,0,0,0],[0,0,0,0,0,0,0,0,0,0,0,0,1,0],[0,0,0,0,0,0,0,0,
0,0,0,0,0,0]];
Au=[];
for i in range(3):
    ilist=[];
    for j in range(38):
        ilist.append(0);
    Au.append(ilist);
Au[0][0:4]=[1,1,1,1];
Au[1][4:8]=[1,1,1,1];
Au[2][8:12]=[1,1,1,1];
Bu=[300,200,400];
#定义一个全零矩阵作为优化模型的等式约束系数
Aeq=[];
for i in range(13):
    ilist=[];
    for j in range(38):
        ilist.append(0);
    Aeq.append(ilist)
for i in range(4):
    Aeq[i][i]=1;
    Aeq[i][4+i]=1;
    Aeq[i][8+i]=1;
    Aeq[i][13+i]=1;
    Aeq[i][26+i]=-1;
for i in range(4):
    Aeq[i+4][i]=1;
    Aeq[i+4][4+i]=1;
    Aeq[i+4][8+i]=1;
    Aeq[i+4][17+i]=1;
    Aeq[i+4][30+i]=-1;
Aeq[8][0:12]=[5,2,6,7,3,5,4,6,4,5,2,3];Aeq[8][21]=1;Aeq[8][34]=-1;
Aeq[9][7]=1;Aeq[9][22]=1;Aeq[9][35]=-1;
Aeq[10][0]=1;Aeq[10][4]=1;Aeq[10][8]=1;Aeq[10][2]=-200/450;Aeq[10][6]=-200/450;Aeq[10][10]=
-200/450;Aeq[10][23]=1;Aeq[10][36]=-1;
Aeq[11][0:12]=[5,2,6,7,3,5,4,6,4,5,2,3];Aeq[11][24]=1;Aeq[11][37]=-1;
Aeq[12][8]=1;Aeq[12][12]=1;Aeq[12][25]=-1;
Beq=[];
for i in range(4):
    Beq.append(b[i]*0.8);
for i in range(4):
```

```
    Beq.append(b[i]);
c=[3245,0,0,2950,100];
for i in range(5):
Beq.append(c[i]);
#由于题目供大于求,所以将供应量等于生产量写入约束条件
for i in range(3):
    Aeq.append(Au[i][:])
    Beq.append(Bu[i])
A=np.zeros(38)
for i in range(8):
#系数的前面12项为决策变量,接下去13个为负偏差变量系数,最后13个为正偏差变量系数
    A[0:12]=[0,0,0,0,0,0,0,0,0,0,0,0];
    A[12:25]=Wminus[i][:];
    A[25:38]=Wplus[i][:];
    A=list(A)
    res=linprog(A,A_ub=None,b_ub=None,A_eq=Aeq,b_eq=Beq);
#将已经完成优化的目标写入后续的约束条件
    temp=[];
    for j in range(12):
        temp.append(0)
    for j in range(13):
        temp.append(Wminus[i][j])
    for j in range(13):
        temp.append(Wplus[i][j])
    Aeq.append(temp)
    Beq.append(res.fun)
    print('第',i+1,'目标优化时的目标函数值为',res.fun)
print('最终工厂1向4个用户的运输量为',res.x[0:4])
print('最终工厂2向4个用户的运输量为',res.x[4:8])
print('最终工厂3向4个用户的运输量为',res.x[8:12])
```

具体结果显示如下:

第一目标优化时的目标函数值为 -0.0

第二目标优化时的目标函数值为 -0.0

第三目标优化时的目标函数值为 -0.0

第四目标优化时的目标函数值为 100.0

第五目标优化时的目标函数值为 115.0

第六目标优化时的目标函数值为 -0.0

第七目标优化时的目标函数值为 30.0

第八目标优化时的目标函数值为 410.0

最终工厂1向4个用户的运输量为 $[90., 100., 0., 110.]$

最终工厂2向4个用户的运输量为 $[0., 0., 200., 0.]$

最终工厂3向4个用户的运输量为 $[100., 0., 160., 140.]$

整理运输方案决策变量，汇总最佳运输方案如表5-5所示。

表5-5　运输方案结果

	用户1	用户2	用户3	用户4	生产量
工厂1	90件	100件	0	110件	300件
工厂2	0	0	200件	0	200件
工厂3	100件	0	160件	140件	400件
供应量	190件	100件	360件	250件	

运行如上Python程序，虽然得到的决策变量取值与LINGO和MATLAB软件不同，但是目标函数的最优值结果与上述两种软件得到的结果相同。

本章小结

区别多目标规划模型，本章介绍目标规划模型的建立方法以及求解目标规划模型的序贯式算法。建立目标规划模型的关键在于区分刚性约束以及柔性约束，并掌握LINGO、MATLAB和Python软件求解目标规划模型（三种软件掌握其中一种即可）。在求解过程中，三种软件都并非调用求解目标规划模型命令求解，都是基于序贯式算法编写代码将目标规划模型转变为多个单目标规划模型开展求解。

习　题

1. 编程求解以下多目标规划模型（程序语言类型不作要求）。

$$\min Z = P_1 d_1^- + P_2 d_4^+ + P_3(5d_2^- + 3d_3^-) + P_3(3d_2^+ + 5d_3^+)$$

$$\text{s.t.} \begin{cases} x_1 + x_2 + d_1^- - d_1^+ = 80 \\ x_1 + d_2^- - d_2^+ = 70 \\ x_2 + d_3^- - d_3^+ = 45 \\ d_1^+ + d_4^- - d_4^+ = 10 \\ x_1, x_2, d_i^-, d_i^+ \geqslant 0 \end{cases}$$

2. 一个小型的无线电广播台考虑如何最好地安排音乐、新闻和商业节目的时间。依据法律，该台每天允许广播12小时。其中，商业节目用于盈利，每分钟可收入250元，新闻节目每分钟支出40元，音乐节目每分钟费用为17.5元。法律规定，正常情况下商业节目只能占总广播时间的20%，且每小时至少安排5分钟新闻节目。建立数学模型，确定如何安排每天的广播节目。各目标优先级如下：

- **第一优先级**：满足法律规定的要求；
- **第二优先级**：每天的纯收入最多。

3. 某工厂生产两种产品，每件产品 I 可获利10元，每件产品 II 可获利8元。每生产一件产品 I，需要3小时；每生产一件产品 II，需要2.5小时。每周有效工作时间为120小时。若加班生产，则每件产品 I 的利润将降低1.5元，每件产品 II 的利润将降低1元。加班时间限定每周不超过40小时，决策者希望在允许的工作及加班时间内追求最大利润，需要建立目标规划模型求解如上问题。

4. 某汽车销售公司委托广告公司为其在电视上做广告，汽车销售公司提出三个目标：

- **第一目标**：至少有40万名高收入的男性公民（记为HIM）看到这个广告；
- **第二目标**：至少有60万名一般收入的公民（记为LIP）看到这个广告；
- **第三目标**：至少有35万名高收入的女性公民（记为HIW）看到这个广告。

广告公司可以从电视台购买两种类型的广告展播：在足球赛中插播广告和电视剧中插播广告。广告公司最多花费60万元的电视广告费。每一类广告展播每分钟花费及潜在观众人数如表5-6所示。广告公司必须决定为汽车销售公司购买两种类型的电视广告展播各多少分钟？

表5-6　广告展播的花费及潜在的观众人数

	HIM	LIP	HIW	费用/(万元/分钟)
足球赛中插播/（万人/分钟）	7	10	5	10
电视剧中插播/（万人/分钟）	3	5	4	6

5. 某电视机厂装配智能电视机和云电视机两种机型，每装配一台电视机需占用装配线1小时，装配线每周计划开动40小时。预计市场每周云电视机的销量为24台，每

周可获利80元；智能电视机的销量为30台，每周可获利40元。该厂确定的目标为：

- **第一优先级**：充分利用装配线每周计划开动40小时；
- **第二优先级**：允许装配线加班；但加班时间每周尽量不超过10小时；
- **第三优先级**：装配电视机的数量尽量满足市场需求。因云电视机的利润高，取其权系数为2。

试建立这问题的目标规划模型，并求解智能电视机和云电视机的产量。

第6章　动态规划模型

本章学习要点

1. 理解动态规划模型的数学思想，掌握其建模的各项要素以及一般过程；
2. 掌握用MATLAB软件或Python软件求解动态规划模型的思路以及编程技巧。

6.1　动态规划模型的基础知识

多阶段决策问题是指这样一类活动过程：由于问题特殊性，可将问题划分成若干个相互联系的过程。在每个过程中，决策者都需要做出相应的决策，并且当某个阶段的决策确定后，常常影响下一个阶段的决策，从而影响整个过程的最终结果。多阶段决策问题就是要在允许的决策范围内，选择一个最优决策使整个系统在预定标准下达到最佳效果。解决这类多阶段决策问题的方法有三类。第一类是全枚举法或者穷举法：列举所有可能发生的方案和结果，再对它们进行一一比较，从而求出最优方案。该类方法计算量将会十分庞大，且包含许多重复计算。第二类是局部最优法：从某个阶段出发，不顾全局是否能够达到最优，仅选取当前最优策略。该类方法错误地认为局部最优就可获得全局最优，从而使得到的结果具有一定误差。第三类是动态规划算法：从过程的最后阶段开始考虑，然后逆着实际过程发展顺序，逐段向前递推计算直至始点。

动态规划是解决多阶段决策过程最优化的一种方法。1951年，美国数学家贝尔曼等人根据一类多阶段决策问题特性提出了解决这类问题的"最优化原理"，并研究了许多实际问题，从而创建出最优化问题的一种新思路，即动态规划(dynamic programming，DP)。

我们研究某一个过程时，往往将这个过程分解为若干个互相联系的阶段。每一阶段都有其初始状态以及结束状态，且当前阶段的结束状态即为下一阶段的初始状态。定义第一阶段的初始状态为整个过程的初始状态，最后一阶段的结束状态就是整个过程的结束状态。在过程的每一个阶段，决策者都需要做出一些决策，而每一阶段的结束状态依赖于该阶段的初始状态以及该阶段所做出的决策。动态规划模型就是要找出某种决策方法，使整体过程达到某种最优效果。

图6-1　多阶段决策示意图

相较于前面章节所介绍的静态规划模型（线性规划模型、非线性规划模型等），动态规划模型具有自身特点与优势。区别于静态规划模型可以依循决策变量、目标函数以及约束条件的方式建立数学模型，动态规划模型也有其特殊的构成要素。动态规划模型可以通过确定问题的阶段变量、状态变量、决策变量、状态转移方程、效益函数的方式开展建模。上述名词术语解释如下：

阶段：采用动态规划求解多阶段决策问题时，应根据具体情况将系统适当地分成若干个阶段，以便分阶段开展求解。我们将描述阶段的变量称为阶段变量。能将问题划分成若干个阶段，是建立动态规划模型的前提。在多数情况下，阶段变量属于离散变量。如果定义过程可以在任何时刻做出决策，且在任意两个不同时刻之间允许存在无穷多个决策时，则该阶段变量可认为是连续变量。

状态：表示系统在某一阶段所处的位置或状态。

决策：某一阶段的状态一旦确定以后，从该状态演变到下一阶段某一状态所做的选择或者决定。我们将描述决策的变量称为决策变量，用 $u_k(x_k)$ 表示在第 k 阶段状态 x_k 时的决策变量。决策变量限制的范围称为允许决策集合，用 $D_k(x_k)$ 表示第 k 阶段从 x_k 出发的允许决策集合。

策略：由每阶段的决策 $u_k(x_k)$，$(k=1,2,\cdots,n)$ 组成的决策函数序列称为全过程策略或者简称策略，用 P 表示，即 $P(x_1)=\{u_1(x_1),u_2(x_2),\cdots,u_n(x_n)\}$。进而，定义由系统第 k 阶段开始到终点的决策过程称为全过程的后部子过程，相应的策略称为后部子过程策略，用 $P_k(x_k)$ 表示 k 子过程策略，即

$$P_k(x_k)=\{u_k(x_k),u_{k+1}(x_{k+1}),\cdots,u_n(x_n)\}$$

对于每一个实际的多阶段决策过程，可供选取的策略一般都有一定的范围限制。我们将这个范围称为允许策略集合，允许策略集合中达到最优效果的策略称最优策略。

状态转移：某一阶段的状态及决策变量取定后，下一阶段的状态就随之而定。设第 k 阶段的状态变量为 x_k，决策变量为 $u_k(x_k)$，第 $k+1$ 阶段的状态为 x_{k+1}，用 $x_{k+1}=T_k(x_k,u_k)$ 表示从第 k 阶段到第 $k+1$ 阶段的状态转移规律，即状态转移方程。

阶段效益：系统某阶段的初始状态一经确定，执行决策所得的效益称为阶段效益。阶段效益是整个系统效益的一部分，是阶段状态 x_k 和阶段决策 $u_k(x_k)$ 的函数，记为 $d_k(x_k,u_k)$。

指标函数：系统执行某一策略所产生效益的数量表示。根据不同的实际情况，效益可以是利润、距离、时间、产量或资源的耗量等。指标函数可以定义在全过程上，也可以定义在后部子过程上。指标函数往往是各阶段效益的某种和式，取最优策略的指标函数称为最优策略指标。

最后，根据动态规划原理得到动态规划的一般模型为

$$\begin{cases} f_k(x_k) = \min\{d_k(x_k, u_k) + f_{k+1}(x_{k+1})\}, k = N, N-1, \cdots, 1 \\ f_{N+1}(x_{N+1}) = 0 \end{cases}$$

其中，$f_k(x_k)$表示从状态x_k出发到达终点的最优效益，N表示可将系统分成N个阶段。根据问题的性质，上式中的min有时是max。

动态规划算法与分治法类似，都是将待求解的问题分成若干个子问题，先求解子问题，然后从这些子问题的解得到原问题的解。其与分治法的不同之处在于，适用于动态规划求解的问题，经分解后得到的子问题往往互不独立，即下一个子阶段的求解建立在上一个子阶段的解的基础上进行。

6.2 动态规划模型的求解软件

虽然动态规划模型是一种常见的数学模型，应用范围极其广泛，但是MATLAB软件以及Python软件并没有提供求解动态规划模型的函数命令或工具箱。读者可以依据动态规划的逆推思想自行编写程序求解动态规划模型。通过资料检索，发现部分学者已经在网络或者文献中提供了求解动态规划模型的软件模版。

2000年，X.D. Ding基于倒推思想在MATLAB软件中定义了动态规划模型的函数命令。这是一个非常实用的函数命令模版，许多学者都调用该函数求解动态规划模型。在该函数中，输入变量x表示状态变量在各个阶段的取值范围；DecisFun函数用于依据前后两个阶段的状态变量确定决策变量；ObjFun函数用于确定阶段效益函数；TransFun函数用于确定状态转移方程。输出变量p_opt记录在每一个阶段的最佳状态变量、最佳决策变量以及在该阶段的最佳效益；fval记录整个问题的最佳指标值。函数命令代码如下所示：

MATLAB代码

```
function [p_opt,fval]=dynprog(x,DecisFun,ObjFun,TransFun)
k=length(x(1,:));
f_opt=nan*ones(size(x));
d_opt=f_opt;
```

```
t_vubm=inf*ones(size(x));
x_isnan=~isnan(x);
t_vub=inf;
tmp1=find(x_isnan(:,k));
tmp2=length(tmp1);
for i=1:tmp2
    u=feval(DecisFun,k,x(i,k));
    tmp3=length(u);
    for j=1:tmp3
        tmp=feval(ObjFun,k,x(tmp1(i),k),u(j));
        if tmp<=t_vub,
            f_opt(i,k)=tmp;d_opt(i,k)=u(j);
        t_vub=tmp;
        end;
    end;
end
for ii=k-1:-1:1
    tmp10=find(x_isnan(:,ii));
    tmp20=length(tmp10);
    for i=1:tmp20
        u=feval(DecisFun,ii,x(i,ii));
        tmp30=length(u);
        for j=1:tmp30
            tmp00=feval(ObjFun,ii,x(tmp10(i),ii),u(j));
            tmp40=feval(TransFun,ii,x(tmp10(i),ii),u(j));
            tmp50=x(:,ii+1)-tmp40;
            tmp60=find(tmp50==0);
            if ~isempty(tmp60),
                tmp00=tmp00+f_opt(tmp60(1),ii+1);
                if tmp00<=t_vubm(i,ii)
                    f_opt(i,ii)=tmp00;
            d_opt(i,ii)=u(j);
                    t_vubm(i,ii)=tmp00;
                end;
            end;
        end;
    end;
end;
fval=f_opt(tmp1,1);
p_opt=[];
tmpx=[];
```

```
tmpd=[];
tmpf=[];
tmp0=find(x_isnan(:,1));
tmp01=length(tmp0);
for i=1:tmp01,
    tmpd(i)=d_opt(tmp0(i),1);
    tmpx(i)=x(tmp0(i),1);
    tmpf(i)=feval(ObjFun,1,tmpx(i),tmpd(i));
    p_opt(k*(i-1)+1,[1,2,3,4])=[1,tmpx(i),tmpd(i),tmpf(i)];
    for ii=2:k
        tmpx(i)=feval(TransFun,ii-1,tmpx(i),tmpd(i));
        tmp1=x(:,ii)-tmpx(i);tmp2=find(tmp1==0);
        if ~isempty(tmp2)
            tmpd(i)=d_opt(tmp2(1),ii);
        end;
        tmpf(i)=feval(ObjFun,ii,tmpx(i),tmpd(i));
        p_opt(k*(i-1)+ii,[1,2,3,4])=[ii,tmpx(i),tmpd(i),tmpf(i)];
    end;
end;
```

　　首先，将上述函数保存在当前运行路径；然后，结合具体问题编写决策变量取值函数 DecisFun、阶段效益函数 ObjFun、状态转移函数 TransFun 以及各阶段状态变量取值范围；最后，调用 dynprog 函数就可求解动态规划模型。后面将结合具体案例介绍如何建立动态规划模型以及如何借助软件求解动态规划模型。

　　由于 Python 软件并没有通用的动态规划模型函数模版，故后面章节将结合具体案例依据逆推思想讲解如何编写 Python 代码求解动态规划模型。此外，由于在求解动态规划模型时，LINGO 软件不具有像求解静态优化模型那样突出的优势，故本章节主要介绍 MATLAB 软件以及 Python 软件求解动态规划模型的方法。

6.3　生产计划制订的动态规划模型案例

　　设某厂计划全年生产某种产品 A，该产品四个季度的订货量分别为 600 件、700 件、500 件和 1200 件。现已知生产该产品的生产费用与产品数量平方成正比，其比例系数为 0.005。此外，厂内设有仓库可用于存放未销售完的产品，其存储费为每件每季度 1 元。建立数学模型以确定每季度的生产量，使得总费用最少。

问题分析

这是一个经典的优化问题，可依循决策变量、目标函数、约束条件的方式建立静态模型。选取每一季度的生产量作为决策变量；总费用包含生产费用以及存储费用两个方面，费用可以由决策变量以及需求量确定。选取总费用最小作为优化模型的目标函数；决策变量取值必须满足当前订单需求以及变量属性的限制。

此外，本题也是一个指向性非常强的多阶段决策问题。可选取季度作为动态规划模型的阶段变量，即每一季度作为一个阶段；选取每个季度初期的产品数量作为状态变量，每个阶段生产的产品数量作为决策变量，每个阶段的费用为阶段效益，从而建立动态规划模型。

基于上述分析，下面将分别给出生产计划制订的静态优化模型以及动态规划模型。

模型假设

假设在满足顾客需求后，将剩余货物储存在仓库；如存储时间不足一个季度，则按照一个季度计算。

模型设计

按照优化模型的三要素（决策变量、目标函数、约束条件）建立静态模型。设每季度的产量为 $x_i(i=1,2,3,4)$，则生产费用可表示为 $\sum_{i=1}^{4}0.005x_i^2$。记每季度的订单矩阵为 $y=[\,600,700,500,1200\,]$，则第 i 个季度的存储费用可表示为 $\sum_{l=1}^{i}(x_l-y_l)$。因此，优化模型的目标函数可以表示为

$$\min\left[\sum_{i=1}^{4}0.005x_i^2+\sum_{i=1}^{4}\sum_{l=1}^{i}(x_l-y_l)\right]$$

当确立目标函数后，决策变量取值还应符合订单需求要求，即第 i 个季度的累计生产量应高于累计需求量，表达如下：

$$\sum_{l=1}^{i}(x_l-y_l)\geqslant 0,i=1,2,3,4$$

为使总费用最少，四个季度后不应有剩余产品存储在仓库，即四个季度的总生产量与订单总量相同，可表达如下：

$$\sum_{i=1}^{4}x_i=3000$$

决策变量应为非负整数，即 $x_i\in Z^+,i=1,2,3,4$。

综上所述，生产计划制订的非线性规划模型可以表示为

$$\min\left[\sum_{i=1}^{4}0.005x_i^2+\sum_{i=1}^{4}\sum_{l=1}^{i}(x_l-y_l)\right]$$

$$\text{s.t.}\begin{cases}\sum_{l=1}^{i}(x_l-y_l)\geqslant 0, i=1,2,3,4\\\sum_{i=1}^{4}x_i=3000\\x_i\in Z^+, i=1,2,3,4\end{cases}$$

读者可调用LINGO、MATLAB和Python软件编写程序求解上述非线性规划模型。上述软件求解方法已在第2章进行详细介绍。因此，此处不再粘贴软件的源程序以及运行结果。

分析题目类型，若将每一季度视为一个阶段，则本题是一个典型的多阶段决策问题，可以建立动态规划模型。选取第k季度初具有的产品数量为动态规划模型的状态变量x_k，第k季度需要生产的产品数量为决策变量u_k。

由状态x_k采取决策u_k后进入状态x_{k+1}，状态转移方程可以表示为

$$x_{k+1}=x_k+u_k-a_k$$

其中，a_k表示第k季度的订单，$a_1=600$，$a_2=700$，$a_3=500$，$a_4=1200$。

通过分析，本题的效益指标选取支出费用，而支出费用包含两个方面：生产费用以及存储费用。因此，第k阶段的效益可以表示为

$$d_k(x_k,u_k)=x_k+0.005u_k^2$$

若用$f_k(x_k)$表示采用最优策略从状态x_k出发到第四季度结束所支出的最小费用，则有如下动态规划模型：

$$\begin{cases}f_k(x_k)=\min\{x_k+0.005u_k^2+f_{k+1}(x_{k+1})\},k=4,3,\cdots,1\\f_5(x_5)=0\end{cases}$$

可以发现，某些静态规划模型可以转化为动态规划模型进行求解，从而降低计算复杂度。然而，怎样的静态规划模型可以采用动态规划思想建模求解呢？能用动态规划思想求解的问题具有如下三个特点：

（1）问题具有最优子结构性质，问题的最优解所包含的子问题解也是最优的；

（2）无后效性，某状态以后的过程不会影响以前的状态，只与当前状态有关；

（3）有重叠子问题，子问题之间并不独立，一个子问题在下一个阶段决策中可能被多次调用。

模型求解

由于动态规划模型的特殊性，在模型求解环节分别展现基于逆推思想的理论求解方法和软件求解方法。首先，介绍如何基于逆推思想理论求解生产计划制订的动态规划模型。

首先，从最后一个季度 $k=4$ 开始计算。状态变量为 u_4，决策变量为 x_4，允许决策空间为 $u_4 \geqslant 1200 - x_4$，即第四季度初期剩余的产品数量加上第四季度生产的产品数量应大于等于顾客在第四季度的需求。由于 $f_5(x_5)=0$，则求如下极值问题：

$$f_4(x_4) = \min_{u_4 \geqslant 1200 - x_4} \{ x_4 + 0.005u_4^2 \}$$

显然，应取 $u_4 = 1200 - x_4$。此时，四个季度累计生产的产品恰等于客户的累计需求，可得

$$f_4(x_4) = 7200 - 11x_4 + 0.005x_4^2$$

考虑第三阶段（$k=3$）的情况，状态变量为 u_3，决策变量为 x_3，允许决策空间为 $u_3 \geqslant 500 - x_3$，即第三季度初期剩余的产品数量加上第三季度生产的产品数量应大于等于顾客在第三季度的需求。结合模型的状态转移方程 $x_4 = x_3 + u_3 - a_3$，代入 $f_4(x_4)$ 后求如下极值问题：

$$f_3(x_3) = \min_{u_3 \geqslant 500 - x_3} \{ x_3 + 0.005u_3^2 + 7200 - 11(x_3 + u_3 - 500) + 0.005(x_3 + u_3 - 500)^2 \}$$

利用微积分知识求解上述问题极值，即

$$\frac{\mathrm{d}f_3(x_3)}{\mathrm{d}u_3} = 0 \to u_3 = 800 - 0.5x_3$$

将其代入 $f_3(x_3)$ 整理后可得

$$f_3(x_3) = 7550 - 7x_3 + 0.0025x_3^2$$

考虑第二阶段（$k=2$）的情况，状态变量为 u_2，决策变量为 x_2，允许决策空间为 $u_2 \geqslant 700 - x_2$，即第二季度初期剩余的产品数量加上第二季度生产的产品数量应大于等于顾客在第二季度的需求。结合模型的状态转移方程 $x_3 = x_2 + u_2 - a_2$，代入 $f_3(x_3)$ 后求如下极值问题：

$$f_2(x_2) = \min_{u_2 \geqslant 700 - x_2} \{ x_2 + 0.005u_2^2 + 7550 - 7(x_2 + u_2 - 700) + 0.0025(x_2 + u_2 - 700)^2 \}$$

利用微积分知识求解上述问题的极值，即

$$\frac{\mathrm{d}f_2(x_2)}{\mathrm{d}u_2} = 0 \to u_2 = 700 - \frac{x_2}{3}$$

将其代入 $f_2(x_2)$ 整理后可得

$$f_2(x_2) = 10000 - 6x_2 + 0.005 \times \frac{x_2^2}{3}$$

最后，考虑第一阶段（$k=1$）的情况，状态变量为u_1，决策变量为x_1，允许决策空间为$u_1 \geqslant 600 - x_1$，即第一季度初期的产品数量加上第一季度生产的产品数量应大于等于顾客在第一季度的需求。结合模型的状态转移方程$x_2 = x_1 + u_1 - a_1$，代入后求如下极值问题：

$$f_1(x_1) = \min_{u_1 \geqslant 600-x_1} \{ x_1 + 0.005u_1^2 + 10000 - 6(x_1 + u_1 - 600)$$
$$+ 0.005 \times \frac{(x_1 + u_1 - 600)^2}{3} \}$$

利用微积分知识求解上述问题的极值，即

$$\frac{df_1(x_1)}{du_1} = 0 \rightarrow \begin{cases} u_1 = 600 \\ x_1 = 0 \\ f_1(x_1) = 11800 \end{cases}$$

因而，各季度的库存量和最优策略序列分别为$x_1 = 0$，$x_2 = 0$，$x_3 = 0$，$x_4 = 300$，$u_1 = 600$，$u_2 = 700$，$u_3 = 800$，$u_4 = 900$。第一季度生产600件产品，第二季度生产700件产品，第三季度生产800件产品，第四季度生产900件产品。在第一季度初期以及最后一季度结束时剩余产品数量为0。应用这一策略，可以使得总费用最少为11800元。

以上非常详细地展示了动态规划模型的理论求解过程，即如何从最后一季度开始推导直至第一季度。但当模型更为复杂时，采用理论倒推方式求解动态规划模型并不是一个好的选择。与静态优化模型类似，动态规划模型也可以借助MATLAB或者Python软件求解。下面将结合生产计划的动态规划模型讲述两种软件的求解方法。

在第6.2节曾介绍MATLAB软件的动态规划函数命令dynprog。首先，结合生产计划的动态规划模型定义阶段效益函数、状态转移方程以及决策变量取值空间函数。

将阶段效益函数obj.m与主程序dynprog.m保存在同一文件夹内。函数的输入变量为阶段变量、决策变量、当前阶段的状态变量，函数的输出为该阶段效益值。代码中x表示状态变量，u表示决策变量。函数代码如下所示：

MATLAB代码

```
function v=obj(k,x,u);
v=x+0.005*u^2;
```

将状态转移方程函数trans.m与主程序dynprog.m保存在同一文件夹内。函数的输入变量为阶段变量、决策变量、当前阶段的状态变量，函数的输出为下一阶段的状态变量。函数代码如下所示：

MATLAB代码

```
function y=trans(k,x,u)
q=[600,700,500,1200];
y=x+u-q(k);
```

　　将决策变量取值函数decision.m与主程序dynprog.m保存在同一文件夹内。函数的输入变量为阶段变量、状态变量，函数的输出为当前阶段允许的决策变量取值范围。函数代码如下所示：

MATLAB代码

```
function u=decision(k,x)
q=[600,700,500,1200];
if q(k)-x<0;
    u=0:3000;
else
    u=q(k)-x:3000;
end
```

　　然后，在MATLAB软件的Command Window中调用dynprog函数求解该动态规划模型。在程序中定义状态变量x，这是一个2401×4的矩阵。矩阵第一列记录第一季度初期状态变量的取值范围。由于第一季度初期状态变量取0，故第一列取值只有一个，即为0。矩阵第二列记录第二季度初期状态变量的取值范围。由于总需求量为3000件产品，而第一个季度的需求量为600件，故第二个季度初期状态变量取值范围为$0,1,\cdots,2400$。矩阵第三列记录第三季度初期状态变量的取值范围。由于前两个季度的累计需求量为1300件，故第三季度初期状态变量取值范围为$0,1,\cdots,1700$。矩阵第四列记录第四季度初期状态变量的取值范围。由于前三个季度的累计需求量为1800件，故第四季度初期状态变量取值范围为$0,1,\cdots,1200$。程序代码如下所示：

MATLAB代码

```
x=nan*ones(2401,4);
x(1,1)=0;
x(1:2401,2)=0:2400;
x(1:1701,3)=0:1700;
x(1:1201,4)=0:1200;
[p,f]=dynprog(x,'decision','obj','trans')
```

运行如上程序，具体结果显示如下：

p =

1	0	600	1800
2	0	700	2450
3	0	800	3200
4	300	900	4350

f =

11800

上述结果显示，最佳策略为 $x_1 = 0$，$x_2 = 0$，$x_3 = 0$，$x_4 = 300$，$u_1 = 600$，$u_2 = 700$，$u_3 = 800$，$u_4 = 900$。第一季度生产600件产品，第二季度生产700件产品，第三季度生产800件产品，第四季度生产900件产品。在第一季度初期以及最后季度结束时剩余产品数量为0。应用这一策略，可以使得总费用最少为11800元。对比理论结果可以发现，采用MATLAB软件调用dynprog函数求解得到的结果与理论方法求解得到的结果相同。

部分熟悉Python软件的读者也可以尝试基于逆推思想编程实现上述生产计划的动态规划模型。代码如下所示，程序的内容已经注释。

Python代码

```
x=[];#定义各个阶段的状态变量取值
y=[];#定义各个阶段的各状态变量获得的后部子过程效益
z=[];#定义各个阶段的最佳状态变量连接情况
#初始化以上三个向量
x.append([0])#初始状态的状态变量为0,为确定数值
y.append([1000000000])#由于本题为最小化问题,故初始化所有后部子过程收益为一个较大的
数,具体数值将在后续迭代生成
z.append([0])#初始化最佳的连通情况与x相同
temp1=[2401,1701,1201];#第二、三、四阶段的状态变量取值上限
for i in range(3):
    temp=[];
    temp2=[];
    temp3=[];
    for j in range(temp1[i]):
        temp.append(j)
        temp2.append(1000000000)
        temp3.append(j)
    x.append(temp)
    y.append(temp2)
```

```
        z.append(temp3)
x.append([0])
y.append([0])
q=[600,700,500,1200];#定义各阶段的需求量
#定义阶段效益函数
def obj(x,u):
    return x+0.005*u**2;
#定义决策变量函数,从前后两个状态变量推导决策变量
def decision(k,x1,x2):
    q=[600,700,500,1200];
    temp2=x2-x1+q[k];
    return temp2
#定义矩阵方式,记录相邻两个阶段各种状态之间的效益数值
def arr(x,y):
    temp1=[]
    for i in range(x):
        temp2=[];
        for j in range(y):
            temp2.append(10000000);#由于本题是最小化问题,故初始化一个较大的数值
        temp1.append(temp2)
    return temp1
temp1=[3,2,1,0];#定义逆推的阶段变量
for i in temp1:
    temp2=x[i];#遍历阶段之间的状态变量,计算状态变量之间的效益函数值
    temp3=x[i+1];
    temp4=arr(len(temp2),len(temp3))
    for j in range(len(temp2)):
        for k in range(len(temp3)):
            u=decision(i,temp2[j],temp3[k]);
            #动态规划模型的递推式,求解当前阶段的最佳后部子过程
            temp4[j][k]=obj(temp2[j],u)+y[i+1][temp3[k]]
            y[i][j]=min(temp4[j][:])
            temp5=temp4[j][:]
            z[i][j]=temp5.index(y[i][j])
#输出模型结果
print('最小费用为',y[0][0])
temp=0
for i in range(4):
    print('第',i+1,'阶段的状态变量为',x[i][temp],',决策变量为',q[i]-x[i][temp])
    temp=z[i][temp]
```

运行如上程序，具体结果显示如下：

最小费用为 11800.0

第 1 阶段的状态变量为 0，决策变量为 600

第 2 阶段的状态变量为 0，决策变量为 700

第 3 阶段的状态变量为 0，决策变量为 500

第 4 阶段的状态变量为 300，决策变量为 900

上述结果显示，最佳策略为 $x_1=0$，$x_2=0$，$x_3=0$，$x_4=300$，$u_1=600$，$u_2=700$，$u_3=800$，$u_4=900$。第一季度生产 600 件产品，第二季度生产 700 件产品，第三季度生产 800 件产品，第四季度生产 900 件产品。在第一季度初期以及最后季度结束时剩余产品数量为 0。应用这一策略，可以使得总费用最少为 11800 元。对比理论结果可以发现，采用 Python 软件求解得到的结果与理论方法、MATLAB 软件求解得到的结果相同。

6.4 机器生产方案的动态规划模型案例

设有数量为 x_1 的某种机器可在高、低两种负荷下开展生产。假设在高负荷下生产时，产品的年产量 S_1 与投入生产的机器数量 y 之间的关系为 $S_1=g(y)$。机器工作在高负荷下的完好率为 $a(0<a<1)$。在低负荷下进行生产时，产品的年产量 S_2 与投入生产的机器数量 z 之间的关系为 $S_2=h(z)$。机器工作在低负荷下的完好率为 $b(0<b<1)$。

现要求制订一个 N 年生产计划：在每年开始时，如何重新分配完好的机器在两种负荷下工作的数量，才能使 N 年内总产量最高。

问题分析

这是一个经典的优化问题，可以依循决策变量、目标函数、约束条件的方式开展传统的建模过程。可选取每一年投入高负荷生产的机器数量作为决策变量，选取在规定时间内产量最高作为模型的目标函数，决策变量取值必须满足机器负荷的限制。此外，这也是一个指向性很强的多阶段决策问题。选取年为阶段变量，选取每年初期所具有的完好机器数量作为状态变量，每个阶段需投入高负荷生产的机器数量作为决策变量，每个阶段的产量作为阶段效益，从而建立动态规划模型。由于传统的规划模型已在前几章节进行深入讲解，故下面仅给出机器生产方案的动态规划模型。

模型假设

假设每一年完好的机器数量以及分配在高负荷下工作的机器数量均为连续变量。其非整数值可以这样理解：如完好的机器数量为0.6表示1台机器在该年度正常工作的时间只有60％，分配在高负荷下工作的机器数量为0.3表示1台机器在该年度只有30％的时间在高负荷下工作。

模型设计

这是一个典型的多阶段决策问题，阶段变量k表示年度。选取第k年度初期具有的完好机器数量作为状态变量x_k；选取第k年度初期分配在高负荷下开展生产的机器数量为决策变量u_k。这时，分配在低负荷下开展生产的机器数量自然为$x_k - u_k$。

由状态x_k采取决策u_k后的状态转移方程为

$$x_{k+1} = au_k + b(x_k - u_k)$$

由于问题的效益为产量，产量包括两部分，即高负荷下工作的机器产量以及低负荷下工作的机器产量。因此，阶段效益函数可以表达为

$$d_k(x_k, u_k) = g(u_k) + h(x_k - u_k)$$

若用$f_k(x_k)$表示采用最优策略从状态x_k出发到第N年结束时的最高产量，则根据最优化原理，得到动态规划模型为

$$\begin{cases} f_k(x_k) = \max\{g(u_k) + h(x_k - u_k) + f_{k+1}(x_{k+1})\}, k = N, N-1, \cdots, 1 \\ f_{N+1}(x_{N+1}) = 0 \end{cases}$$

当x_1，N，a，b，$g(x)$，$h(x)$都给定以后，求解上述动态规划模型即可获得该问题的最佳策略。下面我们考虑一种简单情况，设$x_1 = 100$（台），$N = 5$（年），$a = 0.7$，$b = 0.9$，$g(y) = 8y$，$h(z) = 5z$。此时，上述动态规划模型可以写成如下形式：

$$\begin{cases} f_k(x_k) = \max\{8u_k + 5(x_k - u_k) + f_{k+1}(x_{k+1})\}, k = 5, 4, \cdots, 1 \\ f_6(x_6) = 0, k = 5, 4, \cdots, 1 \end{cases}$$

模型求解

由于动态规划模型的特殊性，在模型求解环节分别展现基于逆推思想的理论求解方法以及软件求解方法。首先，介绍如何基于逆推思想理论求解生产计划制订的动态规划模型。

首先，从最后一年$k = 5$开始计算。状态变量为u_5，决策变量为x_5，允许决策空间

为 $u_5 \leqslant x_5$，即分配开展高负荷工作的机器数量应小于等于阶段初期完好的机器数量。由于 $f_6(x_6)=0$，求如下极值问题：

$$f_5(x_5) = \max_{0 \leqslant u_5 \leqslant x_5} \{8u_5 + 5(x_5 - u_5)\}$$

显然，应取 $u_5 = x_5$。此时，为追求更高的产量，将所有的完好机器都投入高负荷生产，从而可得 $f_5(x_5)=8x_5$。

考虑第四阶段（$k=4$）的情况，状态变量为 u_4，决策变量为 x_4，允许决策空间为 $u_4 \leqslant x_4$，即分配开展高负荷工作的机器数量应小于等于阶段初期完好的机器数量。结合模型的状态转移方程 $x_5 = 0.7u_4 + 0.9(x_4 - u_4)$，代入 $f_5(x_5)$ 后求如下极值问题：

$$\begin{aligned} f_4(x_4) &= \max_{0 \leqslant u_4 \leqslant x_4} \{8u_4 + 5(x_4 - u_4) + 8[0.7u_4 + 0.9(x_4 - u_4)]\} \\ &= 12.2x_4 + 1.4u_4 \end{aligned}$$

显然，应取 $u_4 = x_4$。此时，为追求更高的产量，将所有的完好机器都投入高负荷生产，从而可得 $f_4(x_4)=13.6x_4$。

考虑第三阶段（$k=3$）的情况，状态变量为 u_3，决策变量为 x_3，允许决策空间为 $u_3 \leqslant x_3$，即分配开展高负荷工作的机器数量应小于等于阶段初期完好的机器数量。结合模型的状态转移方程 $x_4 = 0.7u_3 + 0.9(x_3 - u_3)$，代入 $f_4(x_4)$ 后求如下极值问题：

$$\begin{aligned} f_3(x_3) &= \max_{0 \leqslant u_3 \leqslant x_3} \{8u_3 + 5(x_3 - u_3) + 13.6[0.7u_3 + 0.9(x_3 - u_3)]\} \\ &= 17.24x_3 + 0.28u_3 \end{aligned}$$

显然，应取 $u_3 = x_3$。此时，为追求更高的产量，将所有的完好机器都投入高负荷生产，从而可得 $f_3(x_3)=17.52x_3$。

考虑第二阶段（$k=2$）的情况，状态变量为 u_2，决策变量为 x_2，允许决策空间为 $u_2 \leqslant x_2$，即分配开展高负荷工作的机器数量应小于等于阶段初期完好的机器数量。结合模型的状态转移方程 $x_3 = 0.7u_2 + 0.9(x_2 - u_2)$，代入 $f_3(x_3)$ 后求如下极值问题：

$$\begin{aligned} f_2(x_2) &= \max_{0 \leqslant u_2 \leqslant x_2} \{8u_2 + 5(x_2 - u_2) + 17.52[0.7u_2 + 0.9(x_2 - u_2)]\} \\ &= 20.768x_2 - 0.504u_2 \end{aligned}$$

显然，应取 $u_2 = 0$。此时，将所有的完好机器都投入低负荷生产，从而可得 $f_2(x_2)=20.768x_2$。

最后，考虑第一阶段（$k=1$）的情况，状态变量为 u_1，决策变量为 x_1，允许决策空间为 $u_1 \leqslant x_1$，即分配开展高负荷工作的机器数量应小于等于阶段初期完好的机器数量。结合模型的状态转移方程 $x_2 = 0.7u_1 + 0.9(x_1 - u_1)$，代入 $f_2(x_2)$ 后求如下极值问题：

$$f_1(x_1) = \max_{0 \leqslant u_1 \leqslant x_1} \{8u_1 + 5(x_1 - u_1) + 20.768[0.7u_1 + 0.9(x_1 - u_1)]\}$$
$$= 23.69x_1 - 1.1536u_1$$

显然，应取 $u_1 = 0$。此时，将所有的完好机器都投入低负荷生产，从而可得 $f_1(x_1) = 23.69x_1$。

由此可知，最优策略为 $u_1 = 0$，$u_2 = 0$，$u_3 = x_3$，$u_4 = x_4$，$u_5 = x_5$，即最初两年将年初的完好机器全部投入低负荷生产，后三年则将完好的机器全部投入高负荷生产。这时，可以获得最高产量为 $f_1(x_1) = 23690$。利用状态转移方程可以求出每年初期尚有的完好机器数量为 $x_1 = 1000$，$x_2 = 900$，$x_3 = 810$，$x_4 = 567$，$x_5 = 396.9$。在此方案下，5年后剩余完好的机器数量为277.83台。

在第6.2节曾介绍MATLAB软件的动态规划函数命令dynprog。首先，结合生产计划的动态规划模型定义阶段效益函数、状态转移方程、决策变量的取值空间函数。

将阶段效益函数obj.m与主程序dynprog.m保存在同一文件夹内。函数的输入变量为阶段变量、决策变量、当前阶段的状态变量，函数的输出为该阶段的效益值。代码中 x 表示状态变量，u 表示决策变量。由于dynprog函数求解的是最小化动态规划模型，当求解最大化动态规划模型时，可以取目标函数相反数的方式将最大化问题转化为最小化问题。函数代码如下所示：

MATLAB代码

```
function v=obj(k,x,u);
v=-1*(8*u+5*(x-u));
```

将状态转移方程函数trans.m与主程序dynprog.m保存在同一文件夹内。函数的输入变量为阶段变量、决策变量、当前阶段的状态变量，函数的输出为下一阶段的状态变量。函数代码如下所示：

MATLAB代码

```
function y=trans(k,x,u)
y=0.7*u+0.9*(x-u);
```

将决策变量取值函数decision.m与主程序dynprog.m保存在同一文件夹内。函数的输入变量为阶段变量、状态变量，函数的输出为当前阶段允许的决策变量取值范围。函数代码如下所示：

MATLAB代码

```
function u=decision(k,x)
u=0:x;
```

　　然后，在MATLAB软件的Command Window中调用dynprog函数求解该动态规划模型。在程序中定义状态变量x，这是一个1001×5的矩阵。矩阵第一列记录第一年初期状态变量的取值范围。由于第一年初期的完好机器数量为1000台，故第一列的取值只有一个，即为1000。矩阵第二列记录第二年初期完好的机器数量取值范围，即使将所有机器投入低负荷生产，剩余的完好机器也不会超过900台，且即使将所有机器投入高负荷生产，剩余的完好机器也不会少于700台，故第二年初期状态变量的取值范围为$700, 701, \cdots, 900$。矩阵第三列记录第三年初期完好的机器数量取值范围，即使将所有机器投入低负荷生产，剩余的完好机器也不会超过810台，且即使将所有机器投入高负荷生产，剩余的完好机器也不会少于490台，故第二年初期状态变量的取值范围为$490, 491, \cdots, 810$。矩阵第四列记录第四年初期完好的机器数量取值范围，即使将所有机器投入低负荷生产，剩余的完好机器也不会超过729台，且即使将所有机器投入高负荷生产，剩余的完好机器也不会少于343台，故第四年初期状态变量的取值范围为$343, 344, \cdots, 729$。矩阵第五列记录第五年初期完好的机器数量取值范围，即使将所有机器投入低负荷生产，剩余的完好机器也不会超过656台，且即使将所有机器投入高负荷生产，剩余的完好机器也不会少于240台，故第五年初期状态变量的取值范围为$240, 241, \cdots, 656$。程序代码如下所示：

MATLAB代码

```
x=nan*ones(417,5);
x(1,1)=1000;
x(1:201,2)=700:900;
x(1:321,3)=490:810;
x(1:387,4)=343:729;
x(1:417,5)=240:656;
[p,f]=dynprog(x,'decision','obj','trans')
```

　　运行如上程序，具体结果显示如下：

```
p =
    1    1000      0   -5000
    2     900      0   -4500
    3     810    805   -6465
```

| 4 | 568 | 566 | −4538 |
| 5 | 398 | 398 | −3184 |

f =

−23687

上述结果显示，最佳策略为 $x_1=1000$，$x_2=900$，$x_3=810$，$x_4=568$，$u_1=398$。应用这一策略，最初两年把年初完好的机器全部投入低负荷生产，后三年则将大部分完好的机器投入高负荷生产。这时，可以获得最高产量为 $f_1(x_1)=23687$。采用MATLAB软件的dynprog函数求解得到的策略与理论逆推方法求解得到的策略相似。由于MATLAB软件求解时决策变量和状态变量都只能够取整数，故软件得到的结果与理论得到的结果相近。

部分熟悉Python软件的读者也可以尝试基于逆推思想编程实现上述生产计划的动态规划模型。代码如下所示，程序的内容已经注释。

Python代码

```
x=[];#定义各个阶段的状态变量取值
y=[];#定义各个阶段的各状态变量所获得的后部子过程效益
z=[];#定义各个阶段的最佳状态变量连接情况
#初始化以上三个向量
x.append([1000])#初始状态的状态变量为0,为确定数值
y.append([0])#由于本题为最大化问题,故初始化所有后部子过程收益为0,具体数值将在后续迭代生成
z.append([0])#初始化最佳的连通情况与x相同
temp1=[901,811,730,657,591];#第2-6年初完好的机器上限
temp5=[700,490,343,240,168]; #第2-6年初完好的机器下限
for i in range(5):
    temp=[];
    temp2=[];
    temp3=[];
    for j in range(temp5[i],temp1[i]):
        temp.append(j)
        temp2.append(0)
        temp3.append(j)
    x.append(temp)
    y.append(temp2)
    z.append(temp3)
#定义阶段效益函数
def obj(x,u):
    if x>=u:
```

```
            return 8*u+5*(x-u)
    else:
        return 0
#定义决策变量函数,从前后两个状态变量推导决策变量
def decision(x1,x2):
    temp2=(x2-0.9*x1)/(0.7-0.9)
    return temp2
#定义矩阵方式,记录相邻两个阶段各种状态之间的效益数值
def arr(x,y):
    temp1=[]
    for i in range(x):
        temp2=[];
        for j in range(y):
            temp2.append(0);
        temp1.append(temp2)
    return temp1
temp1=[4,3,2,1,0];#定义阶段变量
for i in temp1:
    temp2=x[i];
    temp3=x[i+1];
    temp4=arr(len(temp2),len(temp3))
    for j in range(len(temp2)):
        for k in range(len(temp3)):
            #如果当前阶段的完好机器数量小于下一阶段的完好机器数量,则说明不可能,效益取最
小值
            if temp2[j]<=temp3[k]:
                temp4[j][k]=0
            else:
                u=decision(temp2[j],temp3[k]);
                #动态规划模型的递推式,求解当前阶段的最佳后部子过程
                if u<0:
                    temp4[j][k]=0
                else:
                    temp4[j][k]=obj(temp2[j],u)+y[i+1][k]
                    y[i][j]=max(temp4[j][:])
                    temp5=temp4[j][:]
                    z[i][j]=temp5.index(y[i][j])
#输出模型结果
print('最大产量为',y[0][0])
temp=0
temp1=[]
```

```
for i in range(6):
    temp1.append(x[i][temp])
    temp=z[i][temp]
for i in range(5):
    print('第',i+1,'年初期完好的机器数量为',temp1[i],',决策变量为',round(decision(temp1[i],temp1
[i+1])))
```

运行如上程序，具体结果显示如下：

最大产量为 23689.0

第 1 年初期完好的机器数量为 1000，决策变量为 0

第 2 年初期完好的机器数量为 900，决策变量为 0

第 3 年初期完好的机器数量为 810，决策变量为 810

第 4 年初期完好的机器数量为 567，决策变量为 566

第 5 年初期完好的机器数量为 397，决策变量为 396

最佳策略为 $x_1 = 1000$，$x_2 = 900$，$x_3 = 810$，$x_4 = 567$，$x_5 = 397$。应用这一策略，最初两年把年初的完好机器全部投入低负荷生产，后三年则将完好的机器全部投入高负荷生产。这时，最高产量为 $f_1(x_1) = 23689$。采用 Python 软件求解得到的策略与理论逆推方法相同。但是，Python 软件得到的具体结果与调用 MATLAB 软件的 dynprog 函数得到的具体结果存在细微差别。

上面讨论的问题，固定初始状态 $x_1 = 1000$ 台，但终端状态没有限制，即 5 年后完好机器数量并不确定。这样的"破坏性"生产不利于再生产。因此，通常对终端状态是有要求的。若规定 $x_6 = 500$ 台，即 5 年后尚需保存完好机器 500 台，问如何制订生产计划才能在满足这一要求的条件下产量最高？

与上述问题讨论类似，从最后一年 $k = 5$ 开始计算。状态变量为 u_5，决策变量为 x_5，允许决策空间为 $u_5 \leqslant x_5$，即分配开展高负荷工作的机器数量应小于等于阶段初期完好的机器数量。由于 $f_6(x_6) = 0$，求如下极值问题：

$$f_5(x_5) = \max_{0 \leqslant u_5 \leqslant x_5} \{8u_5 + 5(x_5 - u_5)\}$$

结合状态转移方程可得 $x_6 = 0.7u_5 + 0.9(x_5 - u_5) = 500$，即 $u_5 = 4.5x_5 - 2500$。说明第 5 年的决策变量已不能随意取值，故：

$$f_5(x_5) = \max_{0 \leqslant u_5 \leqslant x_5} \{8u_5 + 5(x_5 - u_5)\} = 18.5x_5 - 7500$$

考虑第四阶段（$k = 4$）的情况，状态变量为 u_4，决策变量为 x_4，允许决策空间为 $u_4 \leqslant x_4$，即分配开展高负荷工作的机器数量应小于等于阶段初期完好的机器数量。结合模型的状态转移方程 $x_5 = 0.7u_4 + 0.9(x_4 - u_4)$，代入 $f_5(x_5)$ 后求如下极值问题：

$$f_4(x_4) = \max_{0 \leqslant u_4 \leqslant x_4} \{8u_4 + 5(x_4 - u_4) + 18.5[0.7u_4 + 0.9(x_4 - u_4)] - 7500\}$$
$$= 21.65x_4 - 0.7u_4 - 7500$$

显然，应取 $u_4 = 0$。此时，将所有的完好机器都投入低负荷生产，从而可得 $f_4(x_4) = 21.65x_4 - 7500$。

考虑第三阶段（$k=3$）的情况，状态变量为 u_3，决策变量为 x_3，允许决策空间为 $u_3 \leqslant x_3$，即分配开展高负荷工作的机器数量应小于等于阶段初期完好的机器数量。结合模型的状态转移方程 $x_4 = 0.7u_3 + 0.9(x_3 - u_3)$，代入 $f_4(x_4)$ 后求如下极值问题：

$$f_3(x_3) = \max_{0 \leqslant u_3 \leqslant x_3} \{8u_3 + 5(x_3 - u_3) + 21.65[0.7u_3 + 0.9(x_3 - u_3)] - 7500\}$$
$$= 24.485x_3 - 1.33u_3 - 7500$$

显然，应取 $u_3 = 0$。此时，将所有的完好机器都投入低负荷生产，从而可得 $f_3(x_3) = 24.485x_3 - 7500$。

考虑第二阶段（$k=2$）的情况，状态变量为 u_2，决策变量为 x_2，允许决策空间为 $u_2 \leqslant x_2$，即分配开展高负荷工作的机器数量应小于等于阶段初期完好的机器数量。结合模型的状态转移方程 $x_3 = 0.7u_2 + 0.9(x_2 - u_2)$，代入 $f_3(x_3)$ 后求如下极值问题：

$$f_2(x_2) = \max_{0 \leqslant u_2 \leqslant x_2} \{8u_3 + 5(x_2 - u_2) + 24.485[0.7u_2 + 0.9(x_2 - u_2)] - 7500\}$$
$$= 27.0365x_2 - 1.897u_2 - 7500$$

显然，应取 $u_2 = 0$。此时，将所有的完好机器都投入低负荷生产，从而可得 $f_2(x_2) = 27.0365x_2 - 7500$。

最后，考虑第一阶段（$k=1$）的情况，状态变量为 u_1，决策变量为 x_1，允许决策空间为 $u_1 \leqslant x_1$，即分配开展高负荷工作的机器数量应小于等于阶段初期完好的机器数量。结合模型的状态转移方程 $x_2 = 0.7u_1 + 0.9(x_1 - u_1)$，代入 $f_2(x_2)$ 后求如下极值问题：

$$f_1(x_1) = \max_{0 \leqslant u_1 \leqslant x_1} \{8u_3 + 5(x_2 - u_2) + 27.0365[0.7u_2 + 0.9(x_2 - u_2)] - 7500\}$$
$$= 29.3329x_1 - 2.4073u_1 - 7500$$

显然，应取 $u_1 = 0$。此时，将所有的完好机器都投入低负荷生产，从而可得 $f_1(x_1) = 29.3329x_1 - 7500$。

最佳策略为 $x_1 = 1000$，$x_2 = 900$，$x_3 = 810$，$x_4 = 726$，$x_5 = 652$，$x_6 = 500$。应用该策略，在前四年将完好的机器投入低负荷生产，在第五年投入434台机器进行高负荷生产，最终得到最高产量为 $f_1(x_1) = 29.3329x_1 - 7500 = 21833$。

这时，最终产量较自由终端时会更低一些。在调用MATLAB程序的dynprog函数实现上述问题时，无需修改阶段效益函数、状态转移函数、决策变量取值函数，而只需在MATLAB软件的Command Window中修改状态变量的取值范围即可运行。状态

变量的最后一列表示第6年初的完好机器数量,在此定义为确定数值500。代码如下所示:

```
MATLAB代码

x=nan*ones(417,6);
x(1,1)=1000;
x(1:201,2)=700:900;
x(1:321,3)=490:810;
x(1:387,4)=343:729;
x(1:417,5)=240:656;
x(1,6)=500;
[p,f]=dynprog(x,'decision','obj','trans')
```

运行如上程序,具体结果显示如下:

p =

1	1000	0	−5000
2	900	0	−4500
3	810	15	−4095
4	726	7	−3651
5	652	434	−4562
6	500	500	−4000

f =

−25808

上述结果显示,最佳策略为 $x_1=1000$, $x_2=900$, $x_3=810$, $x_4=726$, $x_5=652$。前6年的效益最大值为25808,第6年的效益为4000,故最终得到的效益为25808 − 4000 = 21808。前两年,将所有完好的机器投入低负荷生产,第三年至第五年分别将15台、7台、434台完好的机器投入高负荷生产。可见,采用MATLAB软件求解得到的结果与理论方法求解得到的策略相同,结果相近。

部分熟悉Python软件的读者也可以尝试基于逆推思想编程,实现上述生产计划的动态规划模型。代码如下所示,程序的内容已经注释。

```
Python代码

x=[];#定义各个阶段的状态变量取值
y=[];#定义各个阶段的各状态变量所获得的后部子过程效益
z=[];#定义各个阶段的最佳状态变量连接情况
#初始化以上三个向量
```

```
x.append([1000])#初始状态的状态变量为0,为确定数值
y.append([0])#由于本题为最大化问题,故初始化所有后部子过程收益为0,具体数值将在后续迭代生成
z.append([0])#初始化最佳的连通情况与x相同
temp1=[901,811,730,657];#第2-5年初完好的机器上限
temp5=[700,490,343,240]; #第2-5年初完好的机器下限
for i in range(4):
    temp=[];
    temp2=[];
    temp3=[];
    for j in range(temp1[i]):
        temp.append(j)
        temp2.append(0)
        temp3.append(j)
    x.append(temp)
    y.append(temp2)
    z.append(temp3)
x.append([500]);#定义第6年初的完好机器数量
y.append([0]);
z.append([500]);


#定义阶段效益函数
def obj(x,u):
    if x>=u:
        return 8*u+5*(x-u)
    else:
        return 0
#定义决策变量函数,从前后两个状态变量推导决策变量
def decision(x1,x2):
    temp2=(x2-0.9*x1)/(0.7-0.9)
    return temp2
#定义矩阵方式,记录相邻两个阶段各种状态之间的效益数值
def arr(x,y):
    temp1=[]
    for i in range(x):
        temp2=[];
        for j in range(y):
            temp2.append(0);
        temp1.append(temp2)
    return temp1
temp1=[4,3,2,1,0];#定义阶段变量
```

```
for i in temp1:
    temp2=x[i];
    temp3=x[i+1];
    temp4=arr(len(temp2),len(temp3))
    for j in range(len(temp2)):
        for k in range(len(temp3)):
            #如果当前阶段的完好机器数量小于下一阶段的完好机器数量,则说明不可能,效益取最
小值
            if temp2[j]<=temp3[k]:
                temp4[j][k]=0
            else:
                u=decision(temp2[j],temp3[k]);
                #动态规划模型的递推式,求解当前阶段的最佳后部子过程
                if u<0:
                    temp4[j][k]=0
                else:
                    temp4[j][k]=obj(temp2[j],u)+y[i+1][k]
                y[i][j]=max(temp4[j][:])
                temp5=temp4[j][:]
                z[i][j]=temp5.index(y[i][j])
#输出模型结果
print('最大产量为',y[0][0])
temp=0
temp1=[]
for i in range(6):
    temp1.append(x[i][temp])
    temp=z[i][temp]
for i in range(5):
    print('第',i+1,'年初期完好的机器数量为',temp1[i],',决策变量为',round(decision(temp1[i],temp1
[i+1])))
print('第6年初期完好的机器数量为',temp1[5])
```

运行如上程序,具体结果显示如下:

最大产量为 21832.5

第 1 年初期完好的机器数量为 1000,决策变量为 0

第 2 年初期完好的机器数量为 900,决策变量为 0

第 3 年初期完好的机器数量为 810,决策变量为 0

第 4 年初期完好的机器数量为 729,决策变量为 1

第 5 年初期完好的机器数量为 656,决策变量为 452

第 6 年初期完好的机器数量为 500

最佳策略为 $x_1=1000$，$x_2=900$，$x_3=810$，$x_4=729$，$x_5=656$，$x_6=500$，最终得到的效益为21832.5。前三年将所有完好的机器投入低负荷生产，第四年和第五年分别将1台和452台机器投入高负荷生产。可见，采用Python软件求解得到的结果与理论方法求解得到的策略相同，结果相近。

6.5 穿越沙漠的动态规划模型案例

考虑如下小游戏：玩家凭借一张地图，利用初始资金购买一定数量的水和食物（包括食品和其他日常用品）从起点出发，在沙漠中行走。途中会遇到不同天气，也可在矿山、村庄补充资金或资源，目标是在规定时间内到达终点，并保留尽可能多的资金。

游戏的基本规则如下：

（1）以天为基本时间单位，游戏的开始时间为第0天，玩家位于起点。玩家必须在截止日期或之前到达终点，到达终点后该玩家的游戏结束。

（2）穿越沙漠需水和食物两种资源，它们的最小计量单位均为箱。玩家每天拥有的水和食物质量之和不能超过负重上限。若未到达终点而水或食物已耗尽，视为游戏失败。

（3）每天的天气为"晴朗""高温""沙暴"三种状况之一，沙漠中所有区域的天气相同。

（4）每天玩家可从地图的某个区域到达与之相邻的另一个区域，也可在原地停留。沙暴日必须在原地停留。

（5）玩家在原地停留一天消耗的资源数量称为基础消耗量，行走一天消耗的资源数量为基础消耗量的2倍。

（6）玩家在第0天可在起点处用初始资金以基准价格购买水和食物。玩家可在起点停留或回到起点，但不能多次在起点购买资源。玩家到达终点后可退回剩余的水和食物，每箱退回价格为基准价格的一半。

（7）玩家在矿山停留时，可通过挖矿获得资金。挖矿一天获得的资金量称为基础收益。如果玩家挖矿，则消耗的资源数量为基础消耗量的3倍；如果玩家不挖矿，消耗的资源数量为基础消耗量。约定到达矿山当天不能挖矿。沙暴日可挖矿。

（8）玩家经过或在村庄停留时可用剩余的初始资金或挖矿获得的资金随时购买水和食物，每箱资源的价格为基准价格的2倍。

请根据游戏的不同设定，建立数学模型解决以下问题：假设只有一名玩家，在整个游戏时段内每天天气状况事先已知，试给出一般情况下玩家的最优策略。求解附件中的第一关，并将相应结果分别填入Result.xlsx。第一关参数设定如表6-2所示，天气状况如表6-3所示。

表6-2　第一关参数设定

负重上限		1200千克	初始资金	10000元	
截止日		第30天	基础收益	1000元	
资源	每箱质量/千克	基准价格/（元/箱）	基础消耗量/箱		
			晴朗	高温	沙暴
水	3	5	5	8	10
食物	2	10	7	6	10

表6-3　天气状况

日期	1	2	3	4	5	6	7	8	9	10
天气	高温	高温	晴朗	沙暴	晴朗	高温	沙暴	晴朗	高温	高温
日期	11	12	13	14	15	16	17	18	19	20
天气	沙暴	高温	晴朗	高温	高温	高温	沙暴	沙暴	高温	高温
日期	21	22	23	24	25	26	27	28	29	30
天气	晴朗	晴朗	高温	晴朗	沙暴	高温	晴朗	晴朗	高温	高温

注1：附件所给地图（图6-1）中，有公共边界的两个区域视为相邻，仅有公共顶点而没有公共边界的两个区域不视作相邻。

注2：Result.xlsx中剩余资金数（剩余水量、剩余食物量）指当日所需资源全部消耗完毕后的资金数（水量、食物量）。若当日还有购买行为，则指完成购买后的资金数（水量、食物量）。

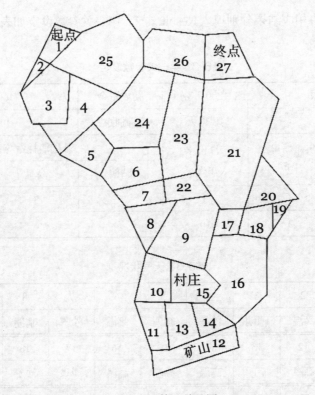

图6-1 第一关地图

说明 本例题改编于2020年全国大学生数学建模竞赛B题，相关附件数据可以在官网历年赛题栏目进行下载（http://www.mcm.edu.cn）。

问题分析

本题要求玩家在已知整个游戏时段内天气状况的基础上，制定最佳策略从起点1出发到达终点27获得最大收益。这是一个典型的优化问题，即通过确定行走策略以及购买策略使得整体获利最大。如果建立传统整数规划模型，其求解无疑是一项非常困难的工作。因此，可考虑将问题视为多阶段决策问题，从而建立动态规划模型。按照题目所给条件将阶段变量、决策变量、状态变量、效益函数、状态转移方程用数学符号及公式表示出来，就可以得到相应的数学模型。

模型设计

第一关要求玩家在30天内从起点1出发前往终点27，可将整个阶段划分成30个阶段，以天作为阶段变量。构造天气向量$T=(t_{mn})_{30\times3}$和位置向量$P=(p_{mn})_{27\times3}$，其元素含义如下：

$$
\begin{cases}
t_{m1}=1,第m天的天气为晴朗 \\
t_{m2}=1,第m天的天气为高温 \\
t_{m3}=1,第m天的天气为沙暴
\end{cases}
\quad
\begin{cases}
p_{m1}=1,标号m的区域为村庄 \\
p_{m2}=1,标号m的区域为矿山 \\
p_{m3}=1,标号m的区域为普通点
\end{cases}
$$

两个矩阵元素满足如下条件:

$$
\begin{cases}
\sum_{i=1}^{3}t_{mi}=1 \\
\sum_{i=1}^{3}p_{mi}=1
\end{cases}
,m=1,2,\cdots,30
$$

选取当天的水、食物、位置作为动态规划模型状态变量,记 u_{m1} 表示第 m 天初始水量, $u_{01}=0$; u_{m2} 表示第 m 天初始食物量, $u_{02}=0$; u_{m3} 表示第 m 天初始位置, $u_{03}=1$。

选取行走方向、购买水和食物的数量、是否挖矿作为决策变量。构造连通矩阵 $C=(c_{mn})_{27\times27}$,元素含义如下:

$$
c_{mn}=
\begin{cases}
1,标号m的区域与标号n的区域相邻 \\
0,标号m的区域不与标号n的区域相邻
\end{cases}
$$

记 x_{mn} 为行走决策变量,当 $x_{mn}=1$ 时,说明将从编号 m 的区域移向编号 n 的区域。行走的决策变量需要满足连通性约束。如果从区域 m 移向区域 n,则区域 m 与区域 n 必须连通,即 $x_{mn}=1$,则 $c_{mn}=1$,即

$$
x_{mn}\leqslant c_{mn}
$$

沙暴天气时玩家不能移动,因此,关于位置的状态转移方程可以描述为

$$
u_{m+1,3}=
\begin{cases}
\sum_{i=1}^{27}i\times x_{u_{m3},i}, & T_{m3}\neq1 \\
u_{m3}, & T_{m3}=1
\end{cases}
$$

分析行走策略,若 $u_{m3}=u_{m+1,3}$ 或者 $x_{u_{m3},u_{m3}}=1$,说明玩家停留在原处;反之, $u_{m3}\neq u_{m+1,3}$ 或者 $x_{u_{m3},u_{m3}}\neq1$,说明玩家处于行走状态。

记 w_m 表示第 m 天是否挖矿的决策变量,若 $w_m=1$,说明玩家在第 m 天处于挖矿状态。如果玩家决定挖矿,则必须满足"到达矿山当天不能挖矿"的条件,表达如下: $p_{u_{m-1,3},3}=p_{u_{m3},3}=1$。

对水和食物等资源数量进行讨论,引入消耗矩阵如下:

$$
H=\begin{bmatrix}5 & 8 & 10 \\ 7 & 6 & 10\end{bmatrix}
$$

第 m 天消耗的水量 a_{m1} 与消耗的食物量 a_{m2} 可以表示为

$$a_{mk} = \sum_{i=1}^{3} [3 \times w + (1-w)] \times p_{m3} \times t_{mi} \times h_{ki} \times x_{u_{m3},u_{m3}} +$$
$$\sum_{i=1}^{3} 2 \times (1-x_{u_{m3},u_{m3}}) \times p_{m3} \times t_{mi} \times h_{ki} +$$
$$\sum_{i=1}^{3} \sum_{j=1}^{2} [x_{u_{m3},u_{m3}} + 2 \times (1-x_{u_{m3},u_{m3}})] \times p_{mj} \times t_{mi} \times h_{ki}$$

其中，第一项表示玩家在第 m 天停留在矿山的资源消耗情况，包括在矿山挖矿与不挖矿两种状态；第二项表示玩家第 m 天不停留在矿山的资源消耗情况；第三项表示玩家第 m 天不处于矿山的资源消耗情况。

记购买水量的决策变量为 l_1，购买食物量的决策变量为 l_2，状态转移方程可以表示为

$$\begin{cases} u_{m+1,1} = u_{m1} - a_{m1} + p_{m1} \times l_1 \\ u_{m+1,2} = u_{m2} - a_{m2} + p_{m1} \times l_2 \end{cases}$$

由于每天的负重不得超过 1200kg，且任何一种资源都不能耗完，故在每个阶段都必须满足如下约束条件：

$$\begin{cases} 3 \times u_{m1} + 2 \times u_{m2} \leqslant 1200 \\ u_{m1}, u_{m2} > 0,\ u_{m3} \neq 27 \end{cases},\ m = 1, 2, \cdots, 30$$

选取当前阶段的收益作为阶段效益函数，故第 m 天的效益函数可以表示为 y_m。

$$y_m = \begin{cases} w \times p_{m3} \times 1000 - p_{m1} \times (5 \times l_1 + 10 \times l_2), m=0 \\ w \times p_{m3} \times 1000 - 2 \times p_{m1} \times (5 \times l_1 + 10 \times l_2), m>0 \end{cases}$$

这时模型变成：

$$\begin{cases} f_k(X_k) = \max \{y_m + f_{k+1}(X_{k+1})\} \\ f_{30}(X_{30}) = 0 \end{cases}$$

上式中，X_k 表示第 m 天的决策变量。

作为思考题，请读者自行设计程序解决如上动态规划模型。有关贪婪算法、回溯算法等基本求解优化模型的算法将会在后续章节中介绍。

本章小结

区别于传统规划模型，动态规划模型在求解复杂规划问题时具有一定优势。不同于决策变量、目标函数、约束条件建模方式，动态规划模型可以遵循阶段变量、状态变量、状态转移函数、阶段效益函数的顺序开展建模。读者需要掌握动态规划模型的建模方法，以及利用 MATLAB 软件或者 Python 软件求解动态规划模型的方法。

习 题

1. 英国某农场主有200英亩土地的农场，用来饲养奶牛。现要制订五年生产计划。现在有120头母牛，其中20头为不到2岁的幼牛，100头为产奶牛，但他手上已无现金，且欠别人20000英镑的账须尽早用利润归还。每头幼牛需用2/3英亩土地供养，每头奶牛需用1英亩土地供养。产奶牛平均每头每年生1.1头牛，其中一半为公牛，出生后不久即卖掉，平均每头卖30英镑，另一半为母牛，可以在出生后不久卖掉，平均每头40英镑，也可以留下饲养，养至2岁成产奶牛。幼牛年损失5%，产奶牛年损失2%。产奶牛养到满12岁就要卖掉，平均每头卖120英镑。现有的20头幼牛中，0岁和1岁各10头；100头产奶牛中，从2岁至11岁各有10头。应该卖掉的小牛都已卖掉。所留的20头要饲养成奶牛。

一头牛所产的奶提供年收入370英镑。现在最多只能养160头牛，超过此数每多养一头，每年要多花费90英镑。每头产奶牛每年消耗0.6吨粮食和0.7吨甜菜。粮食和甜菜可以由农场种植，每英亩地产甜菜1.5吨。只有80英亩的土地适合于种粮食，且产量不同。按产量土地可分成4组：第一组20英亩，亩产1.1吨；第二组30英亩，亩产0.9吨；第三组20英亩，亩产0.8吨；第四组10英亩，亩产0.65吨。从市场购粮食每吨90英镑，卖粮食每吨75英镑；买甜菜每吨70英镑，卖甜菜每吨50英镑。养牛和种植所需劳动量为：每头幼牛每年10小时，每头产奶牛每年42小时；种1英亩粮食每年4小时，种1英亩甜菜每年14小时。

其他费用：每头幼牛每年50英镑，产奶牛每头每年100英镑；种粮食每亩每年15英镑，种甜菜每亩每年10英镑；劳动费用现在每年为6000英镑，提供5500小时的劳动量。超过此数的劳动量每小时费用为1.80英镑。

贷款年利率10%，每年货币的收支之差不能为负值。此外，农场主不希望产奶牛的数目在五年末较现在减少超过50%，也不希望增加超过75%。

应如何安排五年的生产使收益最大？

2. 一个水库由个人承包，为了提高经济效益，保证优质鱼类有良好的生活环境，必须对水库的杂鱼做一次彻底清理，因此须放水清库。水库现有水位平均为15米，自然放水每天水位降低0.5米，经与当地行政部门协商水库水位最低降至5米，这样预计需要20天时间，水位可达到目标。据估计水库内尚有草鱼25000余千克。鲜活草鱼在当地市场，若日供应量在500千克以下，其价格为30元/千克，若日供应量在500～

1000千克，其价格降至25元/千克，若日供应量超过1000千克时，价格降至20元/千克以下，若日供应量到1500千克，已处于饱和。捕捞草鱼的成本：水位在15米时，6元/千克；当水位降至5米时，为3元/千克。同时随着水位的下降，草鱼死亡和捕捞造成的损失增加，至最低水位5米时损失率为10％。请为承包人设计如何捕捞鲜活草鱼投放市场才能使效益最佳？

3. 小虾、中虾、大虾平均每斤的批发价格分别为5元、7元和10元。若某人长期承包某养殖场，要求养殖场中每月的虾量都相等，且月养殖费$y(t)$与该月虾量$x(t)$成正比，比例系数为$a=0.2$（元/斤月）。试制定捕捞策略（确定E），使虾的月利润最大，此时每月养殖场的虾量及利润各是多少？若某人承包此养殖场5年，且月养殖费$y(t)$与该月虾量$x(t)$成正比，比例系数为a，又取$E=0.08$（1/月）。试制定养殖策略（确定a），使5年的总利润最大。如果初始虾量为1000斤，那么请问获利最大的捕捞的月份是多少？若某人承包此养殖场5年，每月按强度$E=0.1$（1/月）捕捞，试制定养殖场策略（确定养殖费$y(t)$），使5年的总利润最大。

第7章 图论规划模型

本章学习要点

1. 理解最短路径模型、最小旅行商模型、最小生成树模型、网络流数学模型、着色模型的建模方法以及这些模型在实际案例中的应用；

2. 掌握采用LINGO、MATLAB、Python软件求解图论规划中的各种数学模型。

图论起源于18世纪。1736年，瑞士数学家欧拉发表了第一篇图论文章《哥尼斯堡的七座桥》。近几十年来，由于计算机技术和科学的飞速发展，大大地促进了图论研究和应用。图论的理论和方法已经渗透到物理、化学、通信科学、建筑学、生物遗传学、心理学、经济学、社会学等学科。图论中所谓的"图"是指某类具体事物之间的联系。如果用点表示这些具体事物，则连接两点的线段表示两个事物的特定联系，就得到了描述这个"图"的几何形象。

图与网络是运筹学的一个经典且重要的分支，所研究的问题涉及经济管理、工业工程、交通运输、计算机科学与信息技术、通信与网络技术等诸多领域。下面将讨论的最短路径问题、旅行商问题、最大流问题、最小生成树问题、着色问题等都是图与网络的基本问题。图论问题有一个特点：它们都易于用图形的形式直观地描述和表达问题。在数学上，把这种与图相关的结构称为网络。与图和网络相关的最优化问题就是网络最优化或者称为网络优化问题。

7.1 最短路径数学模型的基础知识及其软件实现

最短路径问题是图论研究的一个经典算法问题，旨在寻找图（由节点和路径组成的）中两节点之间的最短路径。用于解决最短路径问题的算法被称为最短路径算法，有时被简称作"路径算法"。最常用的路径算法包括Dijkstra算法、SPFA算法/Bellman-Ford算法、Floyd算法/Floyd-Warshall算法、Johnson算法、A*算法。

首先，我们介绍路径算法的数学模型。对于图形$G(V, E)$，如果$(v_m, v_n) \in E$，则称点v_m与点v_n邻接。具有N个顶点的图的邻接状况可以由一个$N \times N$的邻接矩阵$A = (a_{mn})_{N \times N}$表示，其元素计算方式如下：

$$a_{mn} = \begin{cases} 1, & (v_m, v_n) \in E \\ 0, & \text{otherwise} \end{cases}$$

N个顶点组成的赋权图具有一个$N \times N$的赋权矩阵 $\boldsymbol{W} = (w_{mn})_{N \times N}$。其元素计算方式如下：

$$w_{ij} = \begin{cases} d_{ij}, & (v_i, v_j) \in E \\ \infty, & \text{otherwise} \end{cases}$$

现在，提出从v_1出发前往v_N顶点终结的最短路径数学模型。引入0—1变量x_{mn}，如果$x_{mn} = 1$说明弧(v_m, v_n)是组成最短路径的一部分，从顶点v_m指向顶点v_n。最短路径数学模型的目标函数为

$$\min \sum_{n=1}^{N} \sum_{m=1}^{N} w_{mn} x_{mn}$$

图中节点应该满足通路的约束条件。出发点v_1的出度等于1，入度等于0，即 $\sum_{n=1}^{N} x_{1n} = 1$，$\sum_{n=1}^{N} x_{n1} = 0$；终结点$v_N$的出度等于0，入度等于1，即$\sum_{n=1}^{N} x_{Nn} = 0$，$\sum_{n=1}^{N} x_{nN} = 1$；其他点的出度等于入度。

综上所述，最短路径的0—1整数规划模型如下所示：

$$\min \sum_{n=1}^{N} \sum_{m=1}^{N} w_{mn} x_{mn}$$

$$\text{s.t.} \begin{cases} \sum_{n=1}^{N} x_{mn} - \sum_{n=1}^{N} x_{nm} = \begin{cases} 1, & m = 1 \\ -1, & m = N \\ 0, & \text{otherwise} \end{cases} \\ x_{mn} \in \{0, 1\} \end{cases}$$

上述标准规划模型便于采用LINGO软件进行求解。以下面较为简单的图形为例介绍最短路径的软件求解方法。

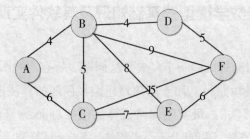

图7-1　求最短路径的拓扑结构图

采用建模化语言实现上述最短路径模型，在LINGO软件中输入如下代码。在程序中定义集合段、数据段、目标函数以及约束条件段。在集合段定义两种类型的变量：

1×6的向量定义六个顶点标号；而后定义关于顶点的稀疏矩阵，记录连接方式以及赋权数值；后续调用求和函数@sum、循环函数@for输入目标函数以及约束条件。

LINGO代码

```
sets:
city/A,B,C,D,E,F/:;
!定义稀疏矩阵,记录连接方式以及赋权数值;
road(city,city)/A,B A,C B,C, B,D B,E B,F C,E C,F D,F E,F/:w,x;
endsets
data:
w=4 6 5 4 8 9 7 15 5 6;
enddata
n=@size(city);
!输入目标函数;
min=@sum(road:w*x);
!输入关于节点度的约束条件;
@for(city(i)|i #ne# 1 #and# i #ne# n:
@sum(road(i,j):x(i,j))=@sum(road(j,i):x(j,i)));
@sum(road(i,j)|i #eq# 1:x(i,j))=1;
@sum(road(i,j)|j #eq# n:x(i,j))=1;
@for(road(i,j):@bin(x(i,j)));
```

由于运行LINGO软件涉及中间变量较多，故不在此处粘贴软件运行的完整结果。模型运算的部分结果显示如下：

Global optimal solution found.

Objective value: 13.00000

Objective bound: 13.00000

Infeasibilities: 0.000000

Extended solver steps: 0

Total solver iterations: 0

Elapsed runtime seconds: 0.05

Model Class: PILP

Total variables: 10

Nonlinear variables: 0

Integer variables: 10

Total constraints: 7

Nonlinear constraints: 0

Total nonzeros: 30

Nonlinear nonzeros: 0

Variable	Value	Reduced Cost
X(A,B)	1.000000	4.000000
X(A,C)	0.000000	6.000000
X(B,C)	0.000000	5.000000
X(B,D)	0.000000	4.000000
X(B,E)	0.000000	8.000000
X(B,F)	1.000000	9.000000
X(C,E)	0.000000	7.000000
X(C,F)	0.000000	15.00000
X(D,F)	0.000000	5.000000
X(E,F)	0.000000	6.000000

上述结果显示，最佳路径为A，B，F，此时路径代价最小为13。

虽然LINGO软件对于计算标准的最短路径模型具有明显优势，但是每运行1次程序仅能得到1个起始点与1个终结点之间的最短路径。若要计算图中任意两个顶点之间的最短路径，需要多次运行上述程序显得并不方便。

可以考虑采用Dijkstra算法编写MATLAB软件或者Python软件的程序进行求解。Dijkstra算法是典型的最短路径算法，其基本思想是按距离固定起点从近到远为顺序，依次求得其他点到起点的最短路径以及距离。感兴趣的同学可以参看图论相关书籍学习Dijkstra算法，以便对求解有更加深刻的理解。

MATLAB软件代码如下所示：

MATLAB代码

```
c=inf*ones(6,6);%初始化赋权矩阵
c(1,2)=4;c(1,3)=6;
c(2,3)=5;c(2,4)=4;c(2,5)=8;c(2,6)=9;
c(3,5)=7;c(3,6)=15;
c(4,6)=5;
c(5,6)=6;
for i=1:6
    for j=1:6
        if c(i,j)~=inf
            c(j,i)=c(i,j);
        end
```

```
    end
  end
for i=1:6
    c(i,i)=0;
end
%算法迭代更新距离
for test=1:4%任意两个节点之间最多经历4个顶点
    for i=1:6
        for j=1:6
            for k=1:6
                if c(i,k)+c(k,j)<=c(i,j)
                    c(i,j)=c(i,k)+c(k,j);
                    c(j,i)=c(i,k)+c(k,j);
                end
            end
        end
    end
end
```

运行上述程序可以将任意两个节点间的最短距离存储在矩阵 c，具体结果如表7-1所示。

表7-1   任意两个节点之间的最短距离

	A	B	C	D	E	F
A	0	4	6	8	12	13
B	4	0	5	4	8	9
C	6	5	0	9	7	13
D	8	4	9	0	11	5
E	12	8	7	11	0	6
F	13	9	13	5	6	0

如表7-1所示，从顶点A至顶点F的最短路径为13，与LINGO软件得到结果相同。

此外，MATLAB软件的图论工具箱也可有助于求解最短路径问题。graphallshortestpaths 函数可以求解图中所有顶点对之间的最短距离。调用方式为 $[dis, path] = graphshortestpath(g, s, t, 'Directed', 0\ or\ 1, 'Method', 'Bellman\text{-}Ford')$。其中，$g$ 表示稀疏矩阵，s 表示起始顶点标号，t 表示终结顶点标号。$'Directed'$ 表示是否有向图。dis 表示最短路径值，$path$ 表示路径。上述最短路径问题的程序代码如下：

MATLAB代码

```
w=[4 6 5 4 8 9 7 15 5 6];
dg=sparse([1 1 2 2 2 2 3 3 4 5],[2 3 3 4 5 6 5 6 6 6],w,6,6)%
ug=tril(dg+dg');
%计算图中任意两点之间的最短距离,并存储在dist
dist=graphallshortestpaths(ug,'directed',false);
%计算特定起点和特点终点的最短距离以及路径
[x,y]=graphshortestpath(ug,1,6,'directed',false)
```

运行如上程序,具体结果显示如下:

x =

   13

y =

   1   2   6

上述结果显示,最佳路径为A,B,F,此时路径代价最小为13,与LINGO软件得到的结果相同。

类似于MATLAB软件,Python软件的networkx工具箱可用于图论以及复杂网络建模,工具箱内置图和复杂网络分析算法可以方便地进行复杂网络数据分析。采用networkx工具箱计算上述最短路径模型的代码如下所示:

Python代码

```
import networkx as nx
#构造赋权的稀疏矩阵
List=[(1,2,4),(1,3,6),(2,3,5),(2,4,4),(2,5,8),(2,6,9),(3,5,7),(3,6,15),(4,6,5),(5,6,6)];
G=nx.Graph();#创建无向图
G.add_weighted_edges_from(List);#从列表中添加多条边
A=nx.to_numpy_matrix(G,nodelist=range(6));
#计算最短路径
p=nx.dijkstra_path(G, source=1, target=6,weight='weight')
#计算最短路径长度
d=nx.dijkstra_path_length(G, source=1, target=6,weight='weight')
print('最短路径为:',p,'最短路径长度为',d)
```

运行如上程序,具体结果显示如下:

最短路径为:[1,2,6]最短路径长度为13

上述结果显示,最佳路径为A,B,F,此时路径代价最小为13,与LINGO软件、MATLAB软件得到的结果相同。

读者可以回顾整数规划模型章节的交巡警服务平台设置案例，在案例中提及92个路口与20个交巡警服务平台之间的最短距离、13个出入城口与20个交巡警服务平台之间的最短距离，请读者自行设计LINGO，MATLAB和Python程序解决该案例所涉及的最短路径问题。

7.2 旅行商数学模型的基础知识及其软件实现

旅行商问题（Traveling Salesman Problem，TSP）又译为旅行推销员问题、货郎担问题，是最基本的图论问题之一。该问题是寻求单一旅行者由起点出发，通过所有给定的需求点后，最后再次回到起点的最小路径成本。最早的旅行商问题的数学规划是由Dantzig（1959）等人提出的。旅行商问题是指一名推销员要拜访多个地点时，如何找到在拜访每个地点一次后再次回到起点的最短路径。虽然规则简单，但在地点数目增多后，求解TSP却显得极为复杂。以42个地点为例，如果要列举所有路径后再确定最佳行程，总路径数量之大，几乎难以计算。多年来，全球数学家绞尽脑汁试图找到一个高效的算法。

TSP最简单的求解方法是枚举法。它的解是多维、多局部极值、趋于无穷大的复杂解空间。搜索空间是n个点的所有排列集合，大小为$(n-1)!$。可以形象地把解空间看作一个无穷大的丘陵地带，各山峰或山谷的高度即是问题的极值，求解TSP就是在此不能穷尽的丘陵地带中攀登以达到山顶或谷底的过程。

对于图形$G(V,E)$，N个顶点的赋权图具有一个$N\times N$的赋权矩阵$W=(w_{mn})_{N\times N}$，其分量计算方式如下：

$$w_{mn}=\begin{cases}d_{mn}, & (v_m,v_n)\in E \\ \infty, & \text{otherwise}\end{cases}$$

引入0-1变量x_{mn}，如果$x_{mn}=1$说明弧(v_m,v_n)是组成最佳路径的一部分，从顶点v_m指向顶点v_n。TSP数学模型的目标函数为

$$\min\sum_{n=1}^{N}\sum_{m=1}^{N}w_{mn}x_{mn}$$

图中节点应该满足通路的约束条件。每一顶点的出度等于1，且每一顶点的入度等于1，即$\sum_{n=1}^{N}x_{mn}=1$，$\sum_{n=1}^{N}x_{nm}=1$。而且，图中所有点构成的真子集都不能构成"圈"。

综上所述，TSP的0-1整数规划模型如下所示：

$$\min \sum_{n=1}^{N} \sum_{m=1}^{N} w_{mn} x_{mn}$$

$$\text{s.t.} \begin{cases} \sum\limits_{n=1}^{N} x_{mn} = 1, m = 1, 2, \cdots, N \\ \sum\limits_{n=1}^{N} x_{nm} = 1, m = 1, 2, \cdots, N \\ \sum\limits_{(m,n) \in s} x_{mn} \leqslant |s| - 1, 2 \leqslant |s| \leqslant N - 1 \\ x_{mn} \in \{0, 1\}, m = 1, 2, \cdots, N, n = 1, 2, \cdots, N \end{cases}$$

上述标准规划模型便于采用LINGO软件进行求解。下面将以一个案例介绍TSP模型的案例应用以及软件求解方法。

破碎文件的拼接在司法物证复原、历史文献修复以及军事情报获取等领域都有着重要的应用。传统上，拼接复原工作需由人工完成，准确率较高，但效率很低，特别是当碎片数量巨大时，人工拼接很难在短时间内完成任务。随着计算机技术的发展，人们试图开发碎纸片的自动拼接技术，以提高拼接复原效率。由此讨论以下问题：

对于给定的来自同一页印刷文字文件的碎纸机破碎纸片（仅纵切），建立碎纸片拼接复原模型和算法，并针对附件1给出的中文一页文件的碎片数据进行拼接复原。如果复原过程需要人工干预，请写出干预方式及干预的时间节点。复原结果以图片形式及表格形式表达（见【结果表达格式说明】）。

说明：本例题改编于2013年全国大学生数学建模竞赛B题，相关附件数据可以在官网历年赛题栏目进行下载（http://www.mcm.edu.cn）。

问题分析

本题要求建立碎纸片拼接复原的数学模型和算法将碎纸片进行恢复。由于碎片为仅纵切面碎片，故传统基于碎片的几何特征对碎片进行拼接的方法并不适用。可以利用每张碎纸片边缘像素点灰度值特征对碎纸片进行拼接。

模型设计

首先，将图像数字化为与灰度值有关的矩阵，每张图片的像素都为1980×72，故每张图片对应一个1980×72的矩阵。其中，第i张图片的像素矩阵为$G_i = (g_{imn})_{1980 \times 72}$。矩阵中的每个元素取值在0～255之间。0表示黑色，255表示白色，其他数值表示灰色。对矩阵进行0—1预处理，得到一个新的黑白矩阵$H_i = (h_{imn})_{1980 \times 72}$：

$$h_{imn} = \begin{cases} 1, 128 \leqslant g_{imn} \leqslant 255 \\ 0, 0 \leqslant g_{imn} \leqslant 127 \end{cases}, m = 1, 2, \cdots, 1980; n = 1, 2, \cdots, 72$$

然后，进一步提取第 i 张图片最左列向量 h_{im1} 以及最右列向量 h_{im72}。当将第 i 张图片放置于第 j 张图片左侧时，可以得到两张图片之间的边缘差异，定义差异计算公式如下：

$$d_{ij} = \sum_{m=1}^{1980} \left| h_{im72} - h_{jm1} \right|$$

两张图片之间的边缘差异可以理解为两张图片之间的边缘颜色（黑或者白）不同的行数量。易知，两张图片之间的边缘差异并不符合对称性。

将 19 块碎片类比为旅行商需要途经的 19 个站点，碎片之间的偏差绝对值即为有向距离值。从左端全白的碎片开始拼接到第 19 块碎片，第 19 张为右端全白的碎片。需要寻找使拼接结果的总绝对偏差值最小的拼接方法。引入 $0-1$ 决策变量矩阵 $\boldsymbol{X} = (x_{mn})_{19 \times 19}$，其元素含义如下：

$$x_{mn} = \begin{cases} 1, & \text{第} m \text{张图片放置在第} n \text{张图片左侧} \\ 0, & \text{第} m \text{张图片不放置在第} n \text{张图片左侧} \end{cases}$$

据此，建立误差最小全局优化 TSP 模型：

$$\min \sum_{m=1}^{19} \sum_{n=1}^{19} x_{mn} d_{mn}$$

$$\text{s.t.} \begin{cases} \sum_{n=1}^{19} x_{mn} = 1, m = 1, 2, \cdots, 19 \\ \sum_{n=1}^{19} x_{nm} = 1, m = 1, 2, \cdots, 19 \\ \sum_{(m,n) \in s} x_{mn} \leqslant |s| - 1, 2 \leqslant |s| \leqslant 18 \\ x_{mn} \in \{0, 1\}, m = 1, 2, \cdots, 19, n = 1, 2, \cdots, 19 \end{cases}$$

程序设计

采用建模化语言实现上述 TSP 模型，在 LINGO 软件中输入如下代码。在程序中定义集合段、数据段、目标函数以及约束条件段。在集合段定义两种类型的变量：1×19 的向量定义 19 个顶点标号；在数据段通过 @ole 函数从 Excel 软件中读取数据，存储 distance 的 Excel 文件记录任意两张碎片之间的边缘差异。在后续调用求和函数 @sum、循环函数 @for 输入目标函数以及约束条件。

LINGO代码

```
sets:
cities/1..19/:level;
link(cities, cities): distance, x;
endsets
data:
distance =@ole('C:\Users\Desktop\distance.xlsx','dist');
enddata
n=@size(cities);
!输入目标函数;
min=@sum(link(i,j)|i #ne# j: distance(i,j)*x(i,j));
!输入真子集不成圈的约束条件
@for(cities(i) :@sum(cities(j)| j #ne# i: x(j,i))=1;
@sum(cities(j)| j #ne# i: x(i,j))=1;
@for(cities(j)| j #gt# 1 #and# j #ne# i :level(j) >= level(i) + x(i,j)− (n−2)*(1−x(i,j)) + (n−3)
*x(j,i);););
@for(link : @bin(x));
@for(cities(i) | i #gt# 1 : level(i)<=n−1−(n−2)*x(1,i);level(i)>=1+(n−2)*x(i,1););
```

由于运行LINGO软件涉及中间变量较多，故不在此处粘贴软件运行的完整结果。模型运算的部分结果显示如下：

Global optimal solution found.

Objective value:	1763.000
Objective bound:	1763.000
Infeasibilities:	0.000000
Extended solver steps:	0
Total solver iterations:	37

Variable	Value	Reduced Cost
X(1,7)	1.000000	101.0000
X(2,5)	1.000000	17.0000
X(3,17)	1.000000	48.00000
X(4,11)	1.000000	126.0000
X(5,6)	1.000000	81.00000
X(6,10)	1.000000	113.0000
X(7,9)	1.000000	0.000000
X(8,18)	1.000000	160.0000

X(9,15)	1.000000	111.0000
X(10,14)	1.000000	120.0000
X(11,3)	1.000000	82.00000
X(12,8)	1.000000	85.00000
X(13,16)	1.000000	34.00000
X(14,19)	1.000000	77.00000
X(15,13)	1.000000	78.00000
X(16,4)	1.000000	96.00000
X(17,2)	1.000000	123.0000
X(18,1)	1.000000	104.0000
X(19,12)	1.000000	107.0000

通过分析像素矩阵可以找到左侧全白的图片为第9张（008.bmp），与其相连的依次为第15张（014.bmp）、第13张（012.bmp）、第16张（015.bmp）、第4张（003.bmp）、第11张（010.bmp）、第3张（002.bmp）、第17张（016.bmp）、第2张（001.bmp）、第5张（004.bmp）、第6张（005.bmp）、第10张（009.bmp）、第14张（013.bmp）、第19张（018.bmp）、第12张（011.bmp）、第8张（007.bmp）、第18张（017.bmp）、第1张（000.bmp）、第7张（006.bmp）。按照如上方式进行碎纸片拼接可以获得颜色不同的行数总量为1763，此方案为全局最优解。

由于TSP属于NPC问题，MATLAB软件以及Python软件没有现成的工具箱进行求解。许多涉及TSP的数学问题都是编写启发式算法进行求解，如遗传算法、粒子群算法、模拟退火算法等。TSP近似算法包括构造型算法和改进型算法。构造型算法是按一定规则一次性构造出一个解，而改进型算法则是以某一解作为初始解，逐步迭代改进解。一般是以构造型算法得到一个初始解，然后再用改进型算法逐步迭代。下述MATLAB程序，首先采用贪婪算法构造TSP模型的初始解，然后采用二边逐次修正法迭代求解TSP模型的近似最优解。

MATLAB代码

```
%D 矩阵为俩俩碎片之间的最短距离,下述为贪婪算法构造初始解;
temp=1000;
for i=1:19
    for j=1:19
        if D(i,j)<temp
            T(1)=j;
            T(19)=i;
            temp=D(i,j);
```

```
      end
    end
  end
T(20)=T(1);
for i=1:17
    temp1=T(i);
    [~,temp2]=min(D(temp1,:));
    T(i+1)=temp2;
end
%采用二边逐次修正法求解TSP的近似最优解
while flag==1
    flag=0;
    for i=1:17
      for j=i+2:18
        if D(T(i),T(j))+D(T(i+1),T(j+1))<D(T(i),T(i+1))+D(T(j),T(j+1))
        TT=T(j:-1:i+1);
        T(i+1:j)=TT;
        flag=1;
      end
    end
    end
end
T
```

运行如上程序，具体结果显示如下：

T =

    9   15   13   16   4   11   3   17   2   5   6   10   14   19   12   8   18   1
7   9

整理拼接方案依次为第9张（008.bmp）、第15张（014.bmp）、第13张（012.bmp）、第16张（015.bmp）、第4张（003.bmp）、第11张（010.bmp）、第3张（002.bmp）、第17张（016.bmp）、第2张（001.bmp）、第5张（004.bmp）、第6张（005.bmp）、第10张（009.bmp）、第14张（013.bmp）、第19张（018.bmp）、第12张（011.bmp）、第8张（007.bmp）、第18张（017.bmp）、第1张（000.bmp）、第7张（006.bmp）。该拼接策略与LINGO软件得到的结果相同。

部分熟悉Python软件的读者也可以尝试基于二边逐次修正思想编程实现上述TSP模型。代码如下所示：

Ptyhon代码

```
import pandas as pd
import numpy as np
#读取距离数据
filename = 'distance.xlsx'
data=pd.read_excel(filename, header=None)
data=np.array(data)
#初始化一个解
T=np.zeros(19)
T=list(T)
temp=1000
for i in range(19):
    for j in range(19):
        if data[i][j]<temp:
            T[0]=j;
            T[18]=i;
            temp=data[i][j]
T.append(T[0])
#采用贪婪算法构造一个解
for i in range(1,18):
    temp1=list(data[T[i-1]][:]);
    temp2=min(temp1)
    T[i]=temp1.index(temp2)
#采用二边修正法迭代初始解
flag=1
while flag==1:
    flag=0
    for i in range(17):
        for j in range(i+2,18):
            if data[T[i]][T[j]]+data[T[i+1]][T[j+1]]<data[T[i]][T[i+1]]+data[T[j]][T[j+1]]:
                TT=[];
                print('ok')
                for k in range(j,i,-1):
                    TT.append(T[k]);
                T[i+1:j+1]=TT;
                flag=1;
for i in range(19):
    print('第',i,'张图片为',T[i],'.bmp')
```

运行如上程序，具体结果显示如下：

第 1 张图片为 8 .bmp
第 2 张图片为 14.bmp
第 3 张图片为 12.bmp
第 4 张图片为 15.bmp
第 5 张图片为 3.bmp
第 6 张图片为 10.bmp
第 7 张图片为 2.bmp
第 8 张图片为 16.bmp
第 9 张图片为 1.bmp
第 10 张图片为 4.bmp
第 11 张图片为 5.bmp
第 12 张图片为 9.bmp
第 13 张图片为 13.bmp
第 14 张图片为 18.bmp
第 15 张图片为 11.bmp
第 16 张图片为 7.bmp
第 17 张图片为 17.bmp
第 18 张图片为 0.bmp
第 19 张图片为 6.bmp

该拼接策略与 MATLAB 和 LINGO 软件得到的结果相同。

感兴趣的读者可以尝试进一步完成 2013 年全国大学生数学建模竞赛 B 题的其他内容。

7.3　最小生成树数学模型的基础知识及其软件实现

最小生成树问题是求图中长度最小的生成树，是图论或者组合优化中一个非常重要的问题，常用"破圈法"或者"贪心法"进行求解。对于图形 $G(V,E)$，N 个顶点的赋权图具有一个 $N \times N$ 的赋权矩阵 $W=(w_{mn})_{N \times N}$，引入 0—1 决策变量 x_{mn} 表示弧 (v_m, v_n) 是组成最小生成树的一部分，从顶点 v_m 指向顶点 v_n。最小生成树数学模型的目标函数为

$$\min \sum_{n=1}^{N} \sum_{m=1}^{N} w_{mn} x_{mn}$$

图中节点应该满足如下约束条件：

- 假设顶点1是生成树的根，则根至少有一条边连接到其他顶点，即

$$\sum_{n=2}^{N}x_{1n}\geqslant 1$$

- 除根节点外，每个顶点只有一条边进入，即

$$\sum_{m=1}^{N}x_{mn}=1, n=2,3,\cdots,N; n\neq m$$

- 各边不构成圈，即

$$\begin{cases}u_1=0\\1\leqslant u_m\leqslant N-1,\ m=2,3,\cdots,N\\u_n\geqslant u_k+x_{kn}-(N-2)(1-x_{kn})+(N-3)x_{nk},\ k=1,2,\cdots,N; n=2,3,\cdots,N,n\neq k\end{cases}$$

综上所述，最小生成树的0-1整数规划模型如下所示：

$$\min\sum_{n=1}^{N}\sum_{m=1}^{N}w_{mn}x_{mn}$$

$$\text{s.t.}\begin{cases}\sum_{n=2}^{N}x_{1n}\geqslant 1\\\sum_{m=1}^{N}x_{mn}=1, n=2,3,\cdots,N; n\neq m\\u_1=0\\1\leqslant u_m\leqslant N-1,\ m=2,3,\cdots,N\\u_n\geqslant u_k+x_{kn}-(N-2)(1-x_{kn})+(N-3)x_{nk},\ k=1,2,\cdots,N; n=2,3,\cdots,N,n\neq k\\x_{mn}\in\{0,1\}, m=1,2,\cdots,N,n=1,2,\cdots,N\end{cases}$$

上述标准规划模型便于采用LINGO软件进行求解。以下面较为简单的问题为例介绍最小生成树的软件求解方法。

我国西部的SV地区共有1个城市（标记1）和9个乡镇（标记2~10）。该地区不久将用上天然气，其中城市1含有井源。现要设计供气系统，使得城市1到每个乡镇（2~10）都有一条管道相连，并且铺设的管子数量尽可能得少。乡镇间距离如表7-2所示。

表7-2　乡镇间距离

单位：km

标号	1	2	3	4	5	6	7	8	9	10
1	0	8	5	9	12	14	12	16	17	22
2	8	0	9	15	17	8	11	18	14	22
3	5	9	0	7	9	11	7	12	12	17
4	9	15	7	0	3	17	10	7	15	18

续表

标号	1	2	3	4	5	6	7	8	9	10
5	12	17	9	3	0	8	10	6	15	15
6	14	8	11	17	8	0	9	14	8	16
7	12	11	7	10	10	9	0	8	6	11
8	16	18	12	7	6	14	8	0	11	11
9	17	14	12	15	15	8	6	11	0	10
10	22	22	17	18	15	16	11	11	10	0

采用建模化语言实现上述最小生成树模型，在 LINGO 软件中输入如下代码。在程序中定义集合段、数据段、目标函数以及约束条件段。在集合段定义两种类型的变量：1×10 的向量定义十个顶点；10×10 的矩阵记录顶点之间的距离以及决策变量；后续调用求和函数@sum、循环函数@for输入目标函数以及约束条件。

LINGO代码

```
sets:
cities/1..10/:level;
link(cities, cities): distance, x;
endsets
data:
distance =0 8 5 9 12 14 12 16 17 22
8 0 9 15 17 8 11 18 14 22
5 9 0 7 9 11 7 12 12 17
9 15 7 0 3 17 10 7 15 18
12 17 9 3 0 8 10 6 15 15
14 8 11 17 8 0 9 14 8 16
12 11 7 10 10 9 0 8 6 11
16 18 12 7 6 14 8 0 11 11
17 14 12 15 15 8 6 11 0 10
22 22 17 18 15 16 11 11 10 0;
enddata
n=@size(cities);
min=@sum(link(i,j)|i #ne# j: distance(i,j)*x(i,j));
@sum(cities(i)|i #gt# 1:x(1,i))>=1;
@for(cities(i)|i #gt# 1:
@sum(cities(j)|j #ne# i:x(j,i))=1;
@for(cities(j)|j #gt# 1 #and# j #ne# i: level(j)>=level(i)+x(i,j)-(n-2)*(1-x(i,j))+(n-3)*x
(j,i););@bnd(1,level(i),999999);level(i)<=n-1-(n-2)*x(1,i););
@for(link : @bin(x));
```

由于运行LINGO软件涉及中间变量较多，故不在此处粘贴软件运行的完整结果。模型运算的部分结果显示如下：

```
Global optimal solution found.
Objective value:              60.00000
Objective bound:              60.00000
Infeasibilities:              0.2220446E-15
Extended solver steps:        0
Total solver iterations:      51
```

Variable	Value	Reduced Cost
X(1,2)	1.000000	8.000000
X(1,3)	1.000000	5.000000
X(2,6)	1.000000	8.000000
X(3,4)	1.000000	7.000000
X(3,7)	1.000000	7.000000
X(4,5)	1.000000	3.000000
X(5,8)	1.000000	6.000000
X(7,9)	1.000000	6.000000
X(9,10)	1.000000	10.00000

上述结果显示，最佳铺设方案为在城市1与乡镇2之间铺设管道、城市1与乡镇3之间铺设管道、乡镇2与乡镇6之间铺设管道、乡镇3与乡镇4之间铺设管道、乡镇3与乡镇7之间铺设管道、乡镇4与乡镇5之间铺设管道、乡镇5与乡镇8之间铺设管道、乡镇7与乡镇9之间铺设管道、乡镇9与乡镇10之间铺设管道，此时长度最短为60千米。

Prim算法以及Kruskal算法都可用于求解最小生成树问题。在此，不再展示上述两种算法的程序代码，感兴趣的读者可以自行查找资料编写代码。此外，MATLAB软件的图论工具箱也可有助于求解最小生成树问题。graphminspantree函数可以求解图中最小生成树。调用方式为$[ST, pred] = graphminspantree(ug, 'Method', 'Kruskal')$。其中，$ug$表示稀疏矩阵。上述问题的程序代码如下：

MATLAB代码

```
C=zeros(10,10);
C(1,2:10)=[8 5 9 12 14 12 16 17 22];
```

```
C(2,3:10)=[9 15 17 8 11 18 14 22];
C(3,4:10)=[7 9 11 7 12 12 17];
C(4,5:10)=[3 17 10 7 15 18];
C(5,6:10)=[8 10 6 15 15];
C(6,7:10)=[9 14 8 16];
C(7,8:10)=[8 6 11];
C(8,9:10)=[11,11];
C(9,10)=10;
i1=[];
i2=[];
i3=[];
%循环产生稀疏矩阵
for i=1:9
    for j=i+1:10
        i1=[i1,C(i,j)];
        i2=[i2,i];
        i3=[i3,j];
    end
end
dg=sparse(i2,i3,i1,10,10);
ug=tril(dg+dg');
[ST,pred]=graphminspantree(ug,'Method','Kruskal')
view(biograph(ST,[],'ShowArrows','off'))
```

运行如上程序，具体结果显示如下：

ST =

(3,1)	5
(6,2)	8
(4,3)	7
(7,3)	7
(5,4)	3
(6,5)	8
(8,5)	6
(9,7)	6
(10,9)	10

pred =

0   6   1   3   4   5   3   5   7   9

管道铺设最小生成树如图7-2所示。

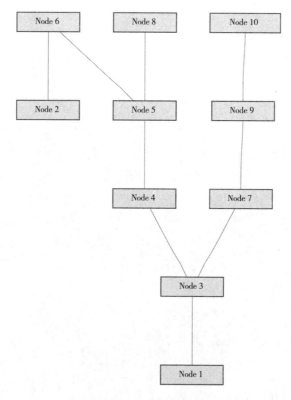

图7-2 管道铺设最小生成树

上述结果显示，最佳铺设方案为在城市1与乡镇3之间铺设管道、乡镇3与乡镇4之间铺设管道、乡镇3与乡镇7之间铺设管道、乡镇4与乡镇5之间铺设管道、乡镇5与乡镇6之间铺设管道、乡镇5与乡镇8之间铺设管道、乡镇6与乡镇2之间铺设管道、乡镇7与乡镇9之间铺设管道、乡镇9与乡镇10之间铺设管道，此时长度最短为60千米。采用MATLAB软件工具箱所获得的最佳铺设方案与LINGO软件得到的结果不同，但是两种软件得到的最小铺设距离相同。

类似于MATLAB软件，Python软件的networkx工具箱可用于图论以及复杂网络建模，内置图和复杂网络分析算法，可以方便地进行复杂网络数据分析。采用networkx工具箱计算上述最小生成树模型的代码如下所示：

```
Python代码

import networkx as nx
import numpy as np
import pylab as plt
C=np.zeros([10,10]);
C[0,1:10]=[8, 5, 9, 12, 14, 12, 16, 17, 22];
C[1,2:10]=[9, 15, 17, 8, 11, 18, 14, 22];
```

```
C[2,3:10]=[7, 9, 11, 7, 12, 12, 17];
C[3,4:10]=[3, 17, 10, 7, 15, 18];
C[4,5:10]=[8, 10, 6, 15, 15];
C[5,6:10]=[9, 14, 8, 16];
C[6,7:10]=[8, 6, 11];
C[7,8:10]=[11,11];
C[8,9]=10;
#构造赋权的稀疏矩阵
L=[]
for i in range(9):
    for j in range(i+1,10):
        temp=[i,j,C[i][j]];
        L.append(temp)
b=nx.Graph();
b.add_nodes_from(range(0,10))
b.add_weighted_edges_from(L)
T=nx.minimum_spanning_tree(b)
w=nx.get_edge_attributes(T, 'weight')
TL=sum(w.values())
print('最小生成树为:',w)
print('最小生成树的长度为:',TL)
pos=nx.shell_layout(b)
nx.draw(T,pos,node_size=280,with_labels=True,node_color='r')
nx.draw_networkx_edge_labels(T, pos, edge_labels=w)
plt.show()
```

运行如上程序，具体结果显示如下：

最小生成树为：{（0，2）：5.0，（0，1）：8.0，（1，5）：8.0，（2，3）：7.0，（2，6）：7.0，（3，4）：3.0，（4，7）：6.0，（6，8）：6.0，（8，9）：10.0}

最小生成树的长度为：60.0

上述结果显示，最佳铺设方案为在城市1与乡镇3之间铺设管道、城市1与乡镇2之间铺设管道、乡镇2与乡镇6之间铺设管道、乡镇3与乡镇4之间铺设管道、乡镇3与乡镇7之间铺设管道、乡镇4与乡镇5之间铺设管道、乡镇5与乡镇8之间铺设管道、乡镇7与乡镇9之间铺设管道、乡镇9与乡镇10之间铺设管道，此时长度最短为60千米。采用Python工具箱所获得的铺设方案与LINGO软件得到的结果相同。

7.4 网络流数学模型的基础知识及其软件实现

在以 V 为节点集、A 为弧集的有向图 $G=(V,A)$ 上定义如下的权函数：

- $L: A \to R$ 为弧上的权函数，弧 $(m,n) \in A$ 对应的权 $L(m,n)$ 记为 l_{mn}，称为弧 (m,n) 的容量下界；

- $U: A \to R$ 为弧上的权函数，弧 $(m,n) \in A$ 对应的权 $U(m,n)$ 记为 u_{mn}，称为弧 (m,n) 的容量上界，或直接称为容量；

- $D: A \to R$ 为顶点上的权函数，节点 $m \in V$ 对应的权 $D(m)$ 记为 d_m，称为顶点 m 的供需量。

此时所构成的网络称为流网络，可以记为 $N=(V,A,L,U,D)$。

由于只讨论 V，A 为有限集合的情况，所以对于弧上的权函数 L，U 和顶点上的权函数 D 可以直接用所有弧上对应的权组成的有限维向量表示。因此，L，U，D 可直接被称为权向量。由于给定有向图 $G=(V,A)$ 后，总可以在它的弧集合和顶点集合上定义各种权函数，网络流一般也直接简称为网络。

在网络中，弧 (m,n) 的容量下界 l_{mn} 和容量上界 u_{mn} 表示的物理意义分别是：通过该弧发送某种"物质"时，必须发送的最小数量为 l_{mn}，而允许发送的最大数量为 u_{mn}。顶点 $m \in V$ 对应的供需量 d_m 则表示该顶点从网络外部获得的"物质"数量，或从该顶点发送到网络外部的"物质"数量。

对于网络 $N=(V,A,L,U,D)$，其上的一个流 f 是指从 N 的弧集 A 到 R 的一个函数，即对每条弧 (m,n) 赋予一个实数 f_{mn}（称为弧 (m,n) 的流量）。如果流 f 满足：

$$\begin{cases} \sum_{n:(m,n)\in A} f_{mn} - \sum_{n:(n,m)\in A} f_{nm} = d_m \\ l_{mn} \leqslant f_{mn} \leqslant u_{mn} \end{cases}$$

则称 f 为可行流。至少存在一个可行流的流网络称为可行网络。

当 $d_m > 0$ 时，表示有 d_m 个单位的流量从该顶点流出。因此，顶点 m 称为供应点或源，有时也形象地称为起始点或出发点等。当 $d_m < 0$ 时，表示有 $|d_m|$ 个单位的流量流入该点（或说被该顶点吸收）。因此，顶点 m 称为需求点或汇，有时也形象地称为终止点或接收点等。当 $d_m = 0$ 时，顶点 m 称为转运点或平衡点、中间点等。此外，对于可行网络必有 $\sum_{m \in A} d_m = 0$。

一般来说，总是可以把 $L \neq 0$ 的网络转化为 $L=0$ 的网络进行研究。所以，除非特别说明，以后总是假设 $L=0$，并将此时的网络简记为 $N=(V,A,U,D)$。

在流网络 $N=(V,A,U,D)$ 中，对于流 f，如果 $f_{mn}=0((m,n)\in A)$，则称 f 为零流，否则为非零流。如果某条弧 (m,n) 上的流量等于其容量 $(f_{mn}=u_{mn})$，则称该弧为饱和弧；如果某条弧(m,n)上的流量小于其容量$(f_{mn}<u_{mn})$，则称该弧为非饱和弧；如果某条弧(m,n)上的流量为$0(f_{mn}=0)$，则称该弧为空弧。

考虑如下流网络$N=(V,A,U,D)$：节点s为网络中唯一的源点，t为唯一的汇点，而其他节点为转运点。如果网络中存在可行流f，此时称流f的流量为d_s，通常记为$v(f)$，即

$$v(f)=d_s=-d_t$$

对这种单源单汇的网络，如果并不给定d_s和d_t，网络一般记为$N=(V,A,U,D)$。最大流问题就是在$N=(V,A,U,D)$中找到流值最大的可行流。可以看到，最大流问题的许多算法也可以用来求解流量给定的网络中的可行流。也就是说，解决最大流问题以后，对于在流量给定的网络中寻找可行流的问题，也就可以解决了。

因此，用线性规划的方法处理最大流问题可以描述如下：

$$\max v(f)$$

$$\text{s.t.}\begin{cases}\displaystyle\sum_{n:(m,n)\in A}f_{mn}-\sum_{n:(n,m)\in A}f_{nm}=\begin{cases}v(f),m=s\\-v(f),m=t\\0,\text{otherwise}\end{cases}\\0\leqslant f_{mn}\leqslant u_{mn}\end{cases}$$

最大流问题是一个特殊的线性规划问题。

在许多实际问题中，往往还要考虑网络上流的费用问题。例如，在运输问题中，人们总是希望在完成运输任务的同时，寻求一个使得总运输费用最小的运输方案。设f_{mn}表示弧(m,n)的流量，b_{mn}表示弧(m,n)的单位费用，c_{mn}表示弧(m,n)的容量。最小费用最大流问题可以表达如下：

$$\min\sum_{(m,n)\in A}b_{mn}f_{mn}$$

$$\text{s.t.}\begin{cases}\displaystyle\sum_{n:(m,n)\in A}f_{mn}-\sum_{n:(n,m)\in A}f_{nm}=\begin{cases}v_{\max},m=s\\-v_{\max},m=t\\0,\text{otherwise}\end{cases}\\0\leqslant f_{mn}\leqslant u_{mn}\end{cases}$$

上述标准规划模型便于采用LINGO软件进行求解。以下面较为简单的图形为例介绍最大流的软件求解方法（如图7-3所示）。

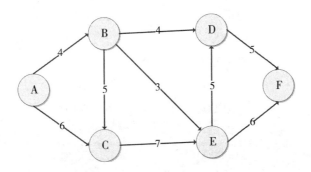

图7-3 求最大流的拓扑结构

采用建模化语言实现上述网络流模型，在LINGO软件中输入如下代码。在程序中定义集合段、数据段、目标函数以及约束条件段。在集合段定义两种类型的变量：1×6 的向量定义六个顶点标号；而后定义关于顶点的稀疏矩阵，记录连接方式以及赋权数值；后续调用求和函数@sum、循环函数@for输入目标函数以及约束条件。

LINGO代码

```
sets:
nodes/A,B,C,D,E,F/:;
road(nodes,nodes)/A,B A,C B,C, B,D B,E C,E D,F E,D E,F/:w,x;
endsets
data:
w=4 6 5 4 3 7 5 5 6;
enddata
max=flow;
@for(nodes(i)|i #ne# 1 #and# i #ne# @size(nodes): @sum(road(i,j):x(i,j))-
@sum(road(j,i):x(j,i))=0);
@sum(road(i,j)|i #eq# 1:x(i,j))=flow;
@for(road:@bnd(0,x,w));
```

由于运行LINGO软件涉及中间变量较多，故不在此处粘贴软件运行的完整结果。模型运算的部分结果显示如下：

Global optimal solution found.

Objective value: 10.00000

Infeasibilities: 0.000000

Total solver iterations: 5

Elapsed runtime seconds: 0.01

Variable	Value	Reduced Cost
X(A,B)	4.000000	−1.000000
X(A,C)	6.000000	−1.000000
X(B,C)	0.000000	0.000000
X(B,D)	4.000000	0.000000
X(B,E)	0.000000	0.000000
X(C,E)	6.000000	0.000000
X(D,F)	4.000000	0.000000
X(E,D)	0.000000	0.000000
X(E,F)	6.000000	0.000000

上述结果显示：A向B发送4个单位，A向C发送6个单位，B向D发送4个单位，C向E发送6个单位，D向F发送4个单位，E向F发送6个单位，最终F收到10个单位，此方案为全局最优解。

MATLAB软件的图论工具箱也可有助于求解最大流问题。graphmaxflow 函数可以求解图中网络流问题。调用方式为 $[MaxFlow, FlowMatrix, Cut] = graphmaxflow(G, SNode, TNode)$。其中，$G$ 表示稀疏矩阵，$SNode$ 表示初始节点，$TNode$ 表示终结节点。上述问题的程序代码如下：

MATLAB代码

```
%定义稀疏矩阵
B=[1 1 2 2 2 3 4 5 5];
E=[2 3 3 5 4 5 6 4 6];
W=[4 6 5 3 4 7 5 5 6];
dg=sparse(B,E,W,6,6);
%调用工具箱求解最大流问题
[MaxFlow,FlowMatrix]=graphmaxflow(dg,1,6)
```

运行如上程序，具体结果显示如下：

MaxFlow =

  10.0000

FlowMatrix =

    (1,2)   4

    (1,3)   6

    (2,4)   4

    (3,5)   6

$(4,6)$　　　4

$(5,6)$　　　6

上述结果显示：A向B发送4个单位，A向C发送6个单位，B向D发送4个单位，C向E发送6个单位，D向F发送4个单位，E向F发送6个单位，最终F收到10个单位，此方案为全局最优解，得到的结果与LINGO软件求解结果相同。

类似于MATLAB软件，Python软件的networkx工具箱也可用于图论以及复杂网络建模，内置图和复杂网络分析算法，可以方便地进行复杂网络数据分析。采用networkx工具箱计算上述最小生成树模型的代码如下所示：

```
Python代码
import networkx as nx
B=[1, 1, 2, 2, 2, 3, 4, 5, 5];
E=[2, 3, 3, 5, 4, 5, 6, 4, 6];
W=[4, 6, 5, 3, 4, 7, 5, 5, 6];
L=[]
for i in range(9):
    temp=[B[i],E[i],W[i]];
    L.append(temp)
G=nx.DiGraph()
for k in range(len(L)):
    G.add_edge(L[k][0],L[k][1],capacity=L[k][2])
value,flow_dict=nx.maximum_flow(G,1,6)
print('最大流的流量为:',value)
print('最大流为:',flow_dict)
```

运行如上程序，具体结果显示如下：

最大流的流量为：10

最大流为：{1: {2: 4, 3: 6}, 2: {3: 0, 5: 3, 4: 1}, 3: {5: 6}, 5: {4: 3, 6: 6}, 4: {6: 4}, 6: {}}

上述结果显示：A向B发送4个单位，A向C发送6个单位，B向D发送4个单位，C向E发送6个单位，D向F发送4个单位，E向F发送6个单位，最终F收到10个单位，此方案为全局最优解，得到结果与LINGO和MATLAB软件求解结果相同。

7.5　着色模型的基础知识及其软件实现

着色问题来源于著名的四色问题，是图论中一个非常有意思且实用的问题。四色问题又称四色猜想、四色定理，是世界近代三大数学难题之一，最先是由一位英国大学生 Francis Guthrie 提出的地图四色定理，其内容如下：任何一张地图只用四种颜色就能使具有共同边界的国家着不同颜色。即在不引起混淆的情况下，一张地图只需四种颜色进行标记。

着色问题将四色问题一般化，更关注相容或不相容关系的研究以及优化。对图形 $G(V, E)$ 所有顶点进行着色时，使得两个相邻顶点颜色不同，确定需要使用颜色的最少数量便是顶点着色问题。如果对图中所有的边进行着色，使得两条相邻的边颜色不同，确定需要使用颜色的最少数量便是边着色问题。

首先，建立顶点着色问题的数学模型。引入图的连通矩阵 $A = (a_{mn})_{N \times N}$，其元素含义如下：

$$a_{mn} = \begin{cases} 1, (v_m, v_n) \in E \\ 0, (v_m, v_n) \notin E \end{cases}$$

引入 $0-1$ 变量 x_{ik} 表示顶点 v_i 是否着第 k 种颜色，表达如下：

$$x_{ik} = \begin{cases} 1, 顶点 v_i 着第 k 种颜色 \\ 0, 顶点 v_i 不着第 k 种颜色 \end{cases}$$

因此，图中着色总数可表示为 $\max\limits_i \sum\limits_{k=1}^N k \times x_{ik}$。着色总数一定不超过图中顶点数量 N。着色模型的目标函数如下：

$$\min \max_i \sum_{k=1}^N k \times x_{ik}$$

着色模型具有如下约束条件：

- 图中每个顶点必须着一种颜色，即

$$\sum_{k=1}^N x_{ik} = 1$$

- 两个相邻的顶点不能着相同颜色，即

$$a_{ij}(x_{ik} + x_{jk}) \leqslant 1$$

- $0-1$ 变量的限制，即 $x_{ik} \in \{0, 1\}$，$i, k = 1, 2, \cdots, N$。

综上所述，着色问题的 $0-1$ 整数规划模型如下所示：

$$\min \max_i \sum_{k=1}^N k \times x_{ik}$$

$$\text{s.t.} \begin{cases} \sum\limits_{k=1}^N x_{ik} = 1 \\ a_{ij}(x_{ik} + x_{jk}) \leqslant 1 \\ x_{ik} \in \{0, 1\} \end{cases}$$

虽然上述模型的目标函数并非线性函数，但可将其转化为整数线性规划模型如下所示：

$$\min z$$

$$\text{s.t.}\begin{cases} \sum_{k=1}^{N} x_{ik} = 1 \\ a_{ij}(x_{ik}+x_{jk}) \leqslant 1 \\ y_i = \sum_{k=1}^{N} k \times x_{ik} \\ z \geqslant y_i \\ x_{ik} \in \{0,1\} \end{cases}$$

参考上述建模过程，读者可以尝试提出边着色的数学模型。

上述标准规划模型便于采用 LINGO 软件进行求解。以下面较为简单的图形为例介绍着色的软件求解方法（图7-4）。

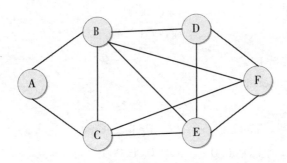

图7-4　求最短路径的拓扑结构

采用建模化语言实现上述最短路径模型，在 LINGO 软件中输入如下代码。在程序中定义集合段、数据段、目标函数以及约束条件段。在集合段定义两种类型的变量：6×6 的向量记录连通矩阵以及决策变量；后续调用求和函数@sum、循环函数@for输入目标函数以及约束条件。

```
LINGO代码

sets:
point/1..6/:;
edge(point,point):a,x;
endsets
data:
a=0 1 1 0 0 0
 1 0 1 1 1 1
 1 1 0 0 1 1
```

```
 0 1 0 0 1 1
 0 1 1 1 0 1
 0 1 1 1 1 0;
enddata
min=y;
@for(point(i):@sum(point(k):x(i,k))=1);
@for(point(k):@for(edge(i,j):a(i,j)*(x(i,k)+x(j,k))<=1));
@for(point(i):y>=@sum(point(k):k*x(i,k)));
@for(edge:@bin(x));
```

由于运行LINGO软件涉及中间变量较多，故不在此处粘贴软件运行的完整结果。模型运算的部分结果显示如下：

Global optimal solution found.

Objective value: 4.000000

Objective bound: 4.000000

Infeasibilities: 0.000000

Extended solver steps: 0

Total solver iterations: 72

Variable	Value	ReducedCost
X(1,2)	1.000000	0.000000
X(2,3)	1.000000	0.000000
X(3,4)	1.000000	4.000000
X(4,4)	1.000000	0.000000
X(5,2)	1.000000	0.000000
X(6,1)	1.000000	0.000000

上述结果显示，只需采用4种颜色便可使得两个相邻顶点颜色不同。其中顶点F着第一种颜色，顶点A与顶点E着第二种颜色，顶点B着第三种颜色，顶点C与顶点D着第四种颜色。

此外，MATLAB和Python软件可按照第3章所介绍内容求解着色问题的整数线性规划模型，也可按照最大度数优先的Welsh－Powell算法求解着色模型的近似最优解。作为思考题，读者可尝试编写上述模型的MATLAB代码或者Python代码。

本章小结

本章主要介绍图与网络的数学模型，包括最短路径模型、最小生成树模型、网络流模型、旅行商模型以及着色模型。上述许多模型的求解属于NP问题，这往往是一项困难的工作。除采用LINGO软件求解图论模型外，MATLAB软件以及Python软件都配备工具箱可解决图论优化问题，读者至少需要掌握一种工具箱使用方法。

习 题

1. 我国人民翘首企盼的第29届奥运会于2008年8月在北京举行，有大量观众到现场观看奥运比赛，其中大部分人乘坐公共交通工具（简称公交，包括公共汽车、地铁等）出行。这些年来，城市的公交系统有了很大发展，北京市的公交线路已达800条以上，使得公众的出行更加通畅、便利，但同时也面临多条线路的选择问题。针对市场需求，某公司准备研制开发一个解决公交线路选择问题的自主查询计算机系统。

为了设计这样一个系统，其核心是线路选择的模型与算法，应该从实际情况出发考虑，满足查询者的各种不同需求。请你们解决如下问题：

（1）仅考虑公共汽车线路，给出任意两公共汽车站点之间线路选择问题的一般数学模型与算法，并根据附录的数据，利用你们的模型与算法，求出以下6对起始站→终到站之间的最佳路线（要有清晰的评价说明）。

①S3359→S1828　　②S1557→S0481　　③S0971→S0485

④S0008→S0073　　⑤S0148→S0485　　⑥S0087→S3676

（2）同时考虑公共汽车与地铁线路，解决以上问题。

（3）假设又知道所有站点之间的步行时间，请你给出任意两站点之间线路选择问题的数学模型。

【附录1】基本参数设定

相邻公共汽车站平均行驶时间（包括停站时间）：3分钟

相邻地铁站平均行驶时间（包括停站时间）：2.5分钟

公共汽车换乘公共汽车平均耗时：5分钟（其中步行时间2分钟）

地铁换乘地铁平均耗时：4分钟（其中步行时间2分钟）

地铁换乘公共汽车平均耗时：7分钟（其中步行时间4分钟）

公共汽车换乘地铁平均耗时：6分钟（其中步行时间4分钟）

公共汽车票价分为单一票价与分段计价两种，标记于线路后；其中分段计价的票价为：0～20站：1元；21～40站：2元；40站以上：3元

地铁票价：3元（无论地铁线路间是否换乘）

注　以上参数均为简化问题而做的假设，未必与实际数据完全吻合。

【附录2】公交线路及相关信息（见数据文件B2007data.rar）

说明　本例题改编于2007年全国大学生数学建模竞赛B题，相关附件数据可以在官网历年赛题栏目进行下载（http://www.mcm.edu.cn）。

2.大气污染所引起的地球气候异常，导致地震、旱灾等自然灾害频频发生，给人民的生命财产造成巨大损失。因此，不少国家政府都在研究如何有效地监测自然灾害的措施。在容易出现自然灾害的重点地区放置高科技的监视装置，建立无线传感网络，使人们能准确而及时地掌握险情的发展情况，为有效地抢先救灾创造有利条件。科技的迅速发展使人们可以制造不太昂贵且具有通信功能的监视装置。放置在同一监视区域内的这种监视装置（以下简称为节点）构成一个无线传感网络。如果监视区域的任意一点都处于放置在该区域内某一节点的监视范围内，则称节点能覆盖该监视区域。研究能确保有效覆盖且数量最少的节点放置问题显然具有重要意义。

图7-5中，叉表示一个无线传感网络节点，虚线的圆形区域表示该节点的覆盖范围。可见，该无线传感网络节点完全覆盖了区域B，部分覆盖了区域A。

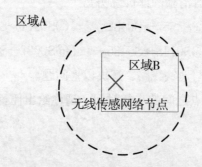

图7-5　无线传感网络覆盖示意

网络节点间的通信设计问题是无线传感器网络设计的重要问题之一。如前所述，每个节点都有一定的覆盖范围，节点可以与覆盖范围内的节点进行通信。但是当节点需要与不在其覆盖范围内的节点通信时，需要其他节点转发才可以进行通信。

如图7-6所示，节点C不在节点A的覆盖范围之内，而节点B在A与C的覆盖范围之内，因此A可以将数据先传给B，再通过B传给C，形成一个A−B−C的通路。

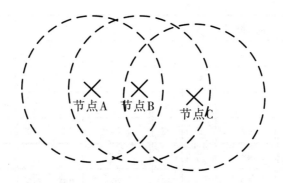

图7-6　无线传感网络节点通信示意

请各参赛队查找相关资料，建立数学模型解决以下问题：

（1）在一个监视区域为边长100（长度单位）的正方形中，每个节点的覆盖半径均为$r=10$（长度单位）。在设计传感网络时，需要知道对给定监视区域在一定的覆盖保证下应放置节点的最少数量。对于上述给定的监视区域及覆盖半径，确定至少需要放置多少个节点，才能使得成功覆盖整个区域的概率在95％以上？

（2）在（1）所给的条件下，已知在该监视区域内放置了120个节点，它们位置的横、纵坐标如表7-3所示。请设计一种节点间的通信模型，给出任意10组两节点之间的通信通路，比如节点1与节点90如何通信等。

表7-3　120个节点的坐标

节点标号	X	Y	节点标号	X	Y	节点标号	X	Y	节点标号	X	Y
1	57	58	31	6	33	61	32	95	91	74	44
2	95	74	32	85	9	62	47	71	92	41	25
3	34	12	33	64	37	63	50	43	93	39	21
4	31	68	34	22	13	64	56	43	94	95	51
5	52	67	35	69	43	65	56	25	95	72	76
6	30	4	36	80	83	66	47	25	96	79	8
7	15	75	37	76	13	67	80	64	97	78	44
8	75	52	38	88	94	68	10	96	98	10	80
9	75	30	39	25	95	69	12	33	99	8	89
10	65	28	40	62	45	70	63	70	100	15	95
11	55	63	41	70	70	71	39	9	101	45	90
12	41	61	42	45	42	72	81	89	102	70	82
13	36	20	43	35	9	73	43	14	103	90	78

续表

节点标号	X	Y	节点标号	X	Y	节点标号	X	Y	节点标号	X	Y
14	72	24	44	75	41	74	17	25	104	84	78
15	16	10	45	35	91	75	80	55	105	20	70
16	85	49	46	56	30	76	45	61	106	40	71
17	86	90	47	27	92	77	92	40	107	55	70
18	75	90	48	92	90	78	78	22	108	5	95
19	32	20	49	25	58	79	89	45	109	73	18
20	5	92	50	44	52	80	51	51	110	22	28
21	16	35	51	5	80	81	40	90	111	17	80
22	25	66	52	17	33	82	65	49	112	50	10
23	72	4	53	90	5	83	76	7	113	55	20
24	68	33	54	25	74	84	30	98	114	87	22
25	61	35	55	58	47	85	26	34	115	72	98
26	37	78	56	95	2	86	28	99	116	55	79
27	48	46	57	87	72	87	25	8	117	7	2
28	81	31	58	68	88	88	29	63	118	85	20
29	23	90	59	30	28	89	40	83	119	35	50
30	35	66	60	9	9	90	4	11	120	10	68

（3）对用于监视旱情的遥测遥感网，由于地处边远地区，每个节点都只能以电池为能源，电池用尽节点即报废。在实际情况下，节点的覆盖范围也会随着节点能量发生变化。针对表7-3的数据，从节能角度考虑设计，改进（2）中的通信模型。给出任意10组两节点之间的通信通路，比如节点1与节点90如何通信等。

3. 已知某地区有生产某物资的企业3家、大小物资仓库8个、国家级储备库2个，各库库存及需求情况见表7-4，其分布情况见图7-7。经核算该物资的运输成本为高等级公路2元/（公里·百件），普通公路1.2元/（公里·百件），假设各企业、物资仓库及国家级储备库之间的物资可以通过公路运输互相调运。

（1）请根据图7-7提供的信息建立该地区公路交通网的数学模型。

（2）设计该物资合理的调运方案，包括调运量及调运线路，在重点保证国家级储备库的情况下，为给该地区有关部门做出科学决策提供依据。

（3）根据你的调运方案，20天后各库的库存量是多少？

（4）因山体滑坡等自然灾害下列路段交通中断，能否用（2）的模型解决紧急调运的问题，如果不能，请修改你的模型。

中断路段：⑭㉓，⑪㉕，㉖㉗，⑨㉛

表7-4　各库库存及需求情况

单位：百件

库存单位	现有库存	预测库存	最低库存	最大库存	产量/天
企业1	600	—	—	800	40
企业2	360	—	—	600	30
企业3	500	—	—	600	20
仓库1	200	500	100	800	—
仓库2	270	600	200	900	—
仓库3	450	300	200	600	—
仓库4	230	350	100	400	—
仓库5	800	400	300	1000	—
仓库6	280	300	200	500	—
仓库7	390	500	300	600	—
仓库8	500	600	400	800	—
储备库1	2000	3000	1000	4000	—
储备库2	1800	2500	1000	3000	—

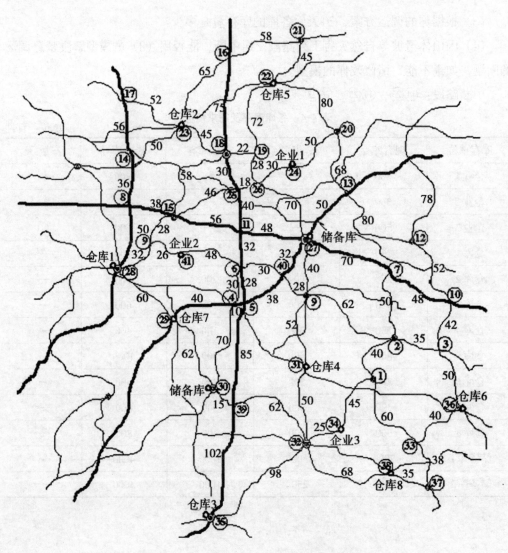

图7-7 生产企业，物资仓库及国家级储备库分布

注

高等级公路 ━━━ 普通公路 ─── 河流 ───

图中的①②③等表示公路交汇点；其他数字表示公路区间距离（单位：公里），如⑫与⑬之间距离为80公里。

参考文献

[1] 姜启源，谢金星，叶俊.数学模型（第四版）[M].北京：高等教育出版社，2011.

[2] 谢金星.优化建模与LINDO/LINGO软件[M].北京：清华大学出版社，2005.

[3] 司守奎，孙兆亮.数学建模算法与应用（第二版）[M].北京：国防工业出版社，2015.

[4] 司守奎，孙玺菁.Python数学实验与建模[M].北京：科学出版社，2020.

[5] 刘来福，黄海洋，杨淳.数学建模方法与分析（第四版）[M].北京：机械工业出版社，2015.

[6] 谭永基，蔡志杰.数学模型（第二版）[M].上海：复旦大学出版社，2011.

[7] 华罗庚，王元.数学模型选谈[M].辽宁：大连理工大学出版社，2011.

[8] 杨启帆，谈之奕，何勇.数学建模（第三版）[M].浙江：浙江大学出版社，2010.

[9] 张世斌.数学建模的思想和方法[M].上海：上海交通大学出版社，2015.

[10] 王健，赵国生.MATLAB数学建模与仿真[M].北京：清华大学出版社，2016.

[11] 肖华勇.大学生数学建模指南[M].北京：电子工业出版社，2015.

[12] 余胜威.MATLAB数学建模经典案例实战[M].北京：清华大学出版社，2015.

[13] 姜启源.UMAP数学建模案例精选1[M].北京：高等教育出版社，2015.

[14] 姜启源，叶其孝，谭永基.MAP数学建模案例精选2[M].北京：高等教育出版社，2015.

[15] 吴孟达.ILAP数学建模案例精选[M].北京：高等教育出版社，2016.

[16] 朱道元.研究生数学建模精品案例[M].北京：科学出版社，2014.

[17] 蔡锁章.数学建模原理与方法[M].北京：海洋出版社，2000.

[18] 白其峥.数学建模案例分析[M].北京：海洋出版社，2000.

[19] 李大潜.中国大学生数学建模竞赛（第四版）[M].北京：高等教育出版社，2011.

[20] 宋兆基.Matlab6.5在科学计算中的应用[M].北京：清华大学出版社，2005.

[21] 叶其孝.大学生数学建模竞赛辅导教材[M].长沙：湖南教育出版社，2001.

[22] 袁新生，邵大宏，郁时炼.LINGO和Excel在数学建模中的应用[M].北京：科学出版社，2007.

[23] 韩中庚.数学建模方法及其应用[M].北京：高等教育出版社，2006.

[24] 刘来福，曾文艺.数学模型与数学建模[M].北京：北京师范大学出版社，1997.

[25] 赵东方.数学模型与计算[M].北京：科学出版社，2007.